NF文庫
ノンフィクション

戦闘機対戦闘機

無敵の航空兵器の分析とその戦いぶり

三野正洋

潮書房光人新社

まえがき

人類の創りだしたもっとも強力な兵器のひとつは戦闘機である。戦闘機は英語ではファイター（Fighter）となり、その言葉はそのまま「闘志を燃やして戦う人」を意味する。ライト兄弟が一九〇三年、米国ノースカロライナ州キティホークで、歴史上初めての動力飛行に成功してから十数年しか経ていないにもかかわらず、ヨーロッパでは航空機の重要な分野として戦闘機が誕生した。

これはその名のとおり、敵の航空機を空中で撃破する目的の飛行機である。したがって、空中では無敵を誇るだけの能力を備えていなければならない。

ところで、鳥たちのなかでも積極的に他の鳥を襲う肉食鳥は〝猛禽《もうきん》〟と呼ばれる。鷹、隼、鷲などが典型的な猛禽である。

これらの鳥たちは飛行速度が速く、その動きは俊敏で、そして全てが力強い嘴《くちばし》と鋭い鉤爪を有する。

このことから、飛行機を鳥にたとえるなら、戦闘機は間違いなく猛禽類であろう。高速、高運動性、強力な武装はそのまま隼のイメージとなる。

身近にみられるスズメ、カラスの類よりも、鷹、隼に鳥類の研究家たちが魅了されるのと同様に、我々飛行機ファンは航空機のなかでは戦闘機に魅せられる。

いつの時代にあっても、戦闘機は（その存在理由の是非は別として）、それ自体が意識していない力のイメージを我々に強力にアピールするのである。

この理由は、戦闘機がたんなる武器というものをはるかに超えた〝その国の技術力の頂点〟であるからかも知れない。

さて本書の目的は、戦うことを目的に生まれたこの航空機の能力を、一九一〇年代の誕生期から第二次大戦の終了まで〝戦闘の場〟において考察していくことである。

それもたんなるデータ類の羅列から一歩進んで、積極的に指数化（基準の値を示し、数値の大きさによって比較する）して比較しようとするものである。おのおのの戦闘機の能力を比べるには、この方法が有効と考え、指数化するための数式を簡単なものではあるが創作してみた。

もちろん機体、機器の性能などと異なって、数値化できない部分（たとえばパイロットの技量、整備の容易性、機械的信頼性など）も存在する。

したがって、これらの比較は完全なものではない。また、データの組み合わせから作りだした数式の示す値も十分とはいえない。

しかし算出された値は、各国の数十種に達するFighterたちの能力が、我々のもっている戦闘機に対する知識と比較的よく一致していることを示している。

戦闘機はこの八〇年間に、自重四〇〇キロ、八〇馬力のエンジンを備え、時速一五〇キロで高度一〇〇〇メートル付近をヨタヨタと飛ぶフライングマシンから、自重二〇トン、推力二〇トンのエンジンを備え、時速二〇〇〇キロで高度二万メートルを突き進むスーパーマシンへと変身している。

しかし、いずれの戦闘機も生まれ出た時代にあっては、その時々の科学、工業技術の最先端の機械であった。したがって能力の比較は、戦闘機というものが誕生した時から始めるべきであろう。

本書に登場する戦闘機は、空中戦において、初めて敵機を撃墜したモラン・ソルニエN型（一九一四年）から、第二次世界大戦終了時までの主要な戦闘機百数十種に及ぶ。そして数値、数表なども用いるが、同時に種々の戦争の経過説明、実際の空中戦のエピソードなども豊富に採り入れて〝Fighterの魅力〟を解剖していきたいと考えている。

戦闘機対戦闘機——目次

第５章　第二次大戦の最優秀戦闘機は？

第6章　航空機の装備、その他

戦闘機対戦闘機

無敵の航空兵器の分析とその戦いぶり

プロローグ

ようやくツキがまわってきたらしい。スリーカードで残る二枚を換えたら、〝3〟のワンペアとなった。

〝7〟のカードと合わせてフルハウスだ。これまで負けている六ポンドを取り戻し、うまくやれば少しは稼げるかも知れない。

背中から覗き込んでいる一等整備兵のウィルスが気になる。エンジンの整備にかけては一流だが、他はなんとも軽薄な男だ。

「いやー、久し振りにいい手がきましたな。ウィネベーゴ少尉」

なんてことを……。こちらは一週間分の飛行手当を賭けてポーカーをやっているんだぞ。

振り向いて怒鳴りつけようとしたとたん、グレート・サンフォード基地全体が騒がしくなった。サイレンが空気を引き裂くように鳴りわたり、『滑走路を空けよ《クリア・ランウェイ》』を命ずる白色の信号弾が次々と打ち上げられる。

それを横目に睨《にら》みながら、すぐそばに置かれているスピットファイアに飛び乗った。それにしてもフルハウスのカードが気になる。戻ってきてから再びポーカーが続けられるだろうか。

ウィルスがショルダーベルトをかけるのを手伝ってくれながら言う。

「気をつけて、少尉。太陽の中の敵機を忘れずに」

一日に一度は聞く言葉だ。わかっているよ。シープスキンの手袋をはめる時間も惜しい。

フューエルコック、オン

ミクスチャーレバー、フルリッチ（最濃）

スロットル、クォータ・オープン

プライマー、ファイブタイムズ

メインスイッチ、オン

「コンタクト」

大声で叫ぶと、機首の近くに立つウィルスが万一の発火にそなえて、手持ちの消火器をエンジンに向ける。

イグニッション、ボスサイド

小さなリングのついた操縦桿をいっぱいに手前に引きつける。

もう一度、「コンタクト」と言いながら、スタータボタンを押す。

今日のマーリン2型エンジンはご機嫌だ。スピットファイアMk1〝ジィニーのG〟は、面倒な儀式によって生命を得る。

動きだした計器に眼を配る。マグネトーの針は左右ともプラス。

ようやく上がりはじめたオイルプレッシャーが、三〇ポンド（スクエア・インチ）を指す。回転は正確に一三二〇ＲＰＭ。これで二分間のアイドリングを続けなくてはならない。

その間に機外を眺める。ヘルメットをかぶった兵士が両手で黒板を高く掲げている。

〝Ｆ・Ａ、Ｇ・Ｅ13、ＡＴ・17〟の文字。『敵の大規模編隊、地図格子《グリッド》上の東13の地区、高度一万七〇〇〇フィート』の意味だ。

Ｅ13とはどこの上空だろう。英仏海峡のラムズゲートだ。あの港の灯台がＥ13の中央にある。

小さな爆発音がして、赤い信号弾が打ち上げられている。

「滑走路クリア、戦闘機隊発進せよ」の合図である。

ゴーグルをかけて、左手を左右に振る。これでチョーク（車輪止め）がはずされる。

ミクスチャーレバー、ハーフ。

スロットルを手前に引く。プロペラ回転が上がり、機体がゆっくりと前進する。

中隊長機〝アイビスのＡ〟がグレート・サンフォードの中央に向かっている。

草地のランウェイを走るのは好きではない。タイヤが草にひっかかりそうで不安、そのうえなかなか加速しない。だいたいサンフォード基地は、スピットファイアにはあきらかに狭すぎる。

中隊長のハリソンが右手を高くあげている。発進準備ができているかどうか、尋ねているのだ。こちらも右手をあげる。周囲には一六機のスピットが二列にならび、発進の合図を待っている。

ハリソン大尉がキャノピーを閉じた。

離陸して三分、エンジンの回転数は一八六〇。オイル圧力、グリコール温度、いずれも正常。

左の隅にある赤いレバーを二度引く。一度目で機関銃の安全装置がはずれ、二度目で装塡《そうてん》完了となる。続いてパネルのタンブラ・スイッチを右に倒すと、発射スタンバイ（いつでも発射できる状態）となる。

後方を飛んでいたボビィが近づいてきて、さかんに口に手をあてる動作をしている。

そうだ、無線機のスイッチを入れるのを忘れていた。昨日、今日の新人《ルーキー》じゃないのに、恥ずかしい。

とたんにハリソン隊長の大声がイヤホンから流れてきた。

「眠っているのか、ウィゴ」

無線の発信は中隊長以上にしか許されていないから、小さく翼を振って〝了解〟の合図とする。すぐに無線を〝リビエラ・ダイヤル〟に。戦闘機の誘導を専門とするコントロール・センターである。リビエラがどこにあるのか、中隊で知っている者はいない。

「ハリソン編隊、間もなくE13だ。二分後にはフリッツ（ドイツ機）が見えるはず。今日は獲物はたっぷりある……」

　突然リビエラの声に他からの無線が割り込んできた。

「タリホー、タリホー（敵機発見）十時方向」

　九月の澄んだ空気の中を、黒い点が滑ってくる。二つ、三つ、四つ。

　左のペダル（フットバー）を思いっきり踏むと同時にスティックを倒す。

　スロットルを引くと、マーリン2エンジンが機体を震わせながら、最大出力一〇五〇馬力を発揮したのがわかる。

　一瞬、オーバーブーストかな、という思いが頭をかすめたが、ブースト計を見る余裕がない。

　全体に緑がかったメッサーシュミットBf109の姿が、みるみるうちに大きくなる。このままではやられる。しかし反転したらフリッツの野郎に腹を見せることになる。こうなったら少なくとも相打ちに持ち込みたい。

　機首をめぐらし、ヘッドオンの態勢になった。ためらわず機銃の全砲門を開く。A翼付きと呼ばれるこのスピットには、七・七ミリ機銃八梃が並んでいる。これを発射すると、MGのスポーツカーで舗装していない道路を突っ走るような振動だ。

　高速で接近してくるメッサーの主翼に、小さな光が連続的に発生している。相手も発砲しているのだ。冷汗が噴き出す。

「一〇〇〇キロを超す猛烈な相対速度で、すれちがった。相手の後流の中に入り、スピットは大揺れに揺れたが、被弾した様子はない。振り返って相手を探したが、メッサーはラムズゲートの緑の大地に融けてしまっていた。

ともかく、第一ラウンドは生き延びることができた。

流れる汗でゴーグルが曇ってしまった。いったん上昇して、次の戦いに備えよう。

一九四一年七月から十月にかけて、英本土上空では、〝英国の戦い／バトル・オブ・ブリテン／BoB〟と呼ばれる大空中戦が行なわれた。すでにフランスを占領したナチス・ドイツの空軍〝ルフトバッフェ〟と、祖国を守らんとするイギリス空軍の四ヵ月にわたる死闘であった。

プロローグは、BoBのひとつのエピソードを取り上げているが、この戦いは次のような・データを残してイギリス空軍の勝利に終わっている。またBoBこそ戦闘機対戦闘機の典型的な戦いであった。

◯ドイツ空軍

実戦投入機数　二五五〇機

単発戦闘機　メッサーシュミットBf109

双発戦闘機　メッサーシュミットBf110

合計一〇二九機

急降下爆撃機　ユンカースＪｕ87スツーカ

合計二六一機

双発爆撃機　ハインケルＨｅ111

ドルニエＤｏ17

ユンカースＪｕ88

合計九九八機

損失

戦闘機五五八機、急降下爆撃機四七機、双発爆撃機三四八機

◯イギリス空軍

実戦投入機数　一二四〇機

スーパーマリン・スピットファイア　三七二機

ホーカー・ハリケーン　七〇九機

損失

単発戦闘機合計七一五機（他に地上で二〇〇機）

注・スピットファイア2型の操作・操縦の記述については、英空軍のマニュアル・リメイク版（Spitfire Mk1, Mk 2）を参照している。

モラン・ソルニエL

(上)モラン・ソルニエL、(下)フォッカーDrI

アルバトロスDV

(上)アルバトロスDV、(下)ソッピース・キャメル

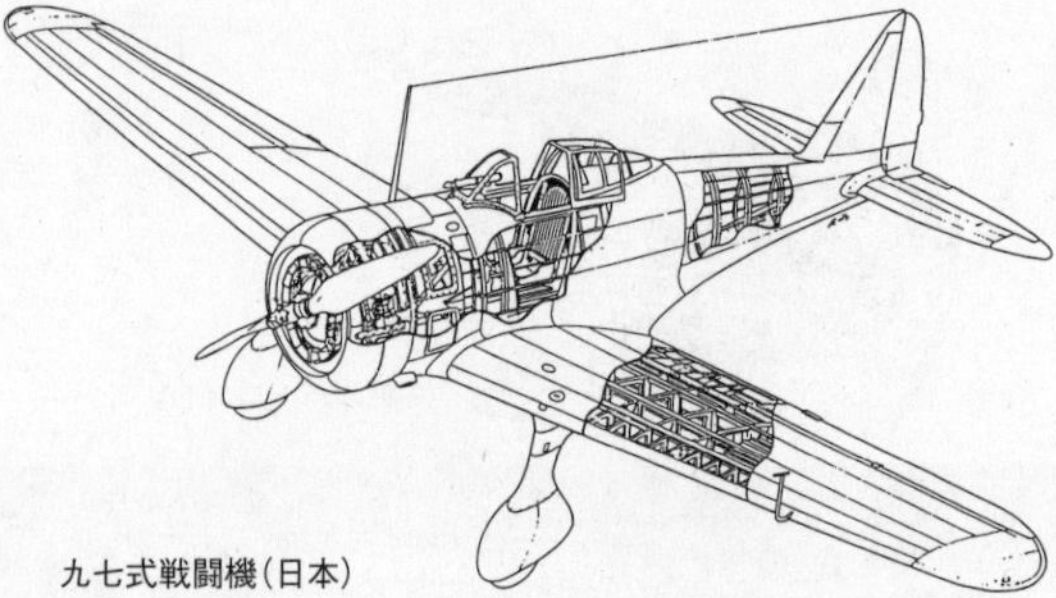

九七式戦闘機(日本)

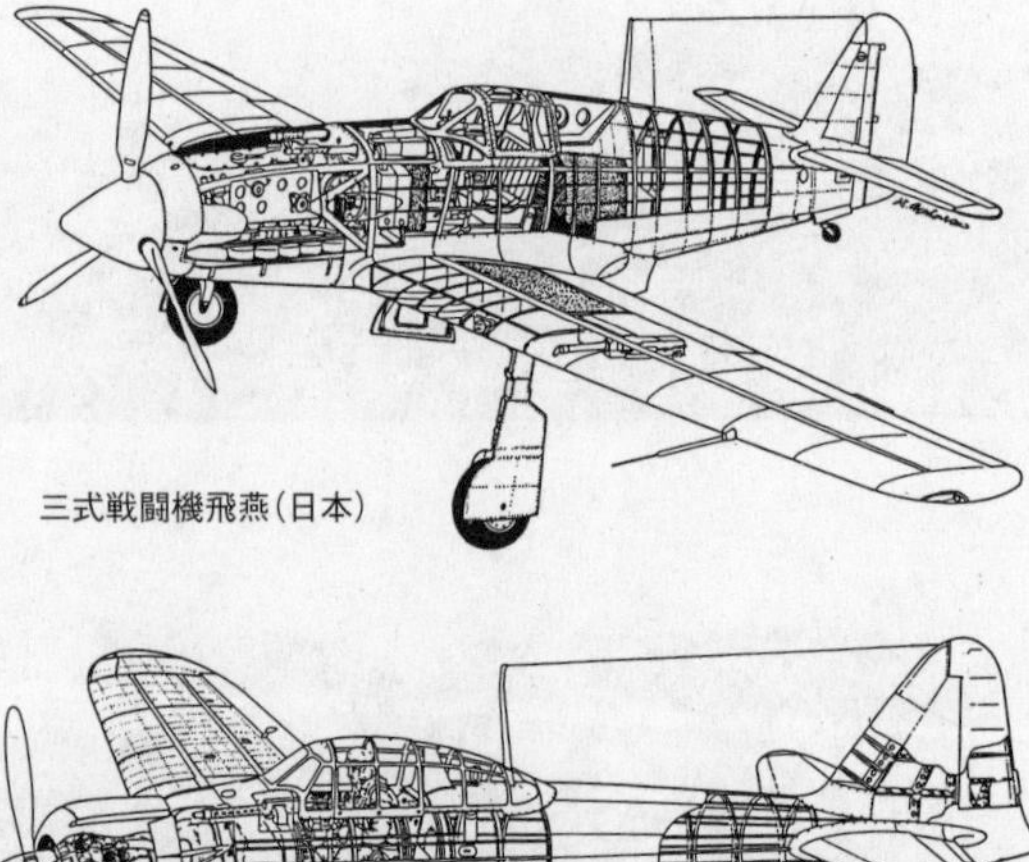

三式戦闘機飛燕(日本)

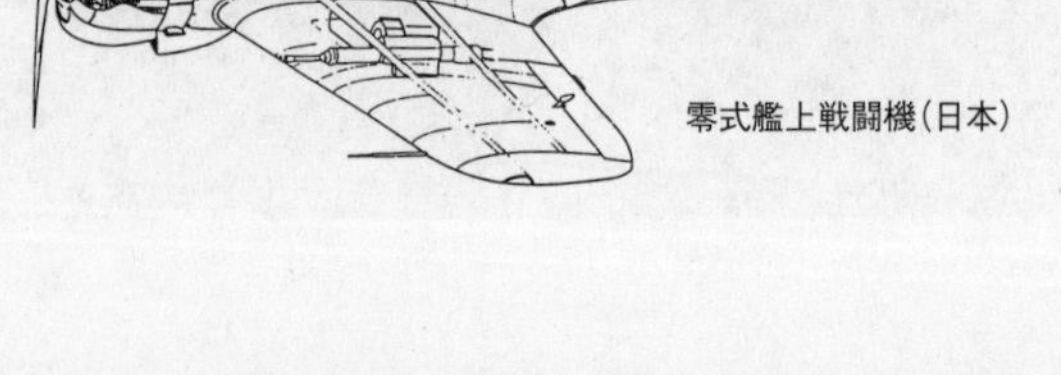

零式艦上戦闘機(日本)

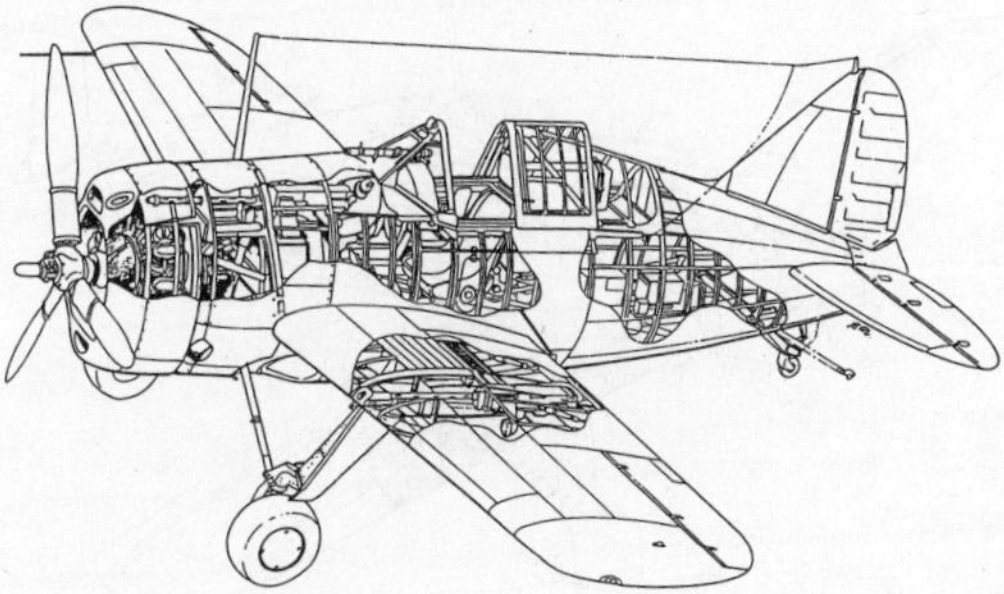

F2A バッファロー(アメリカ)

F6F ヘルキャット(アメリカ)

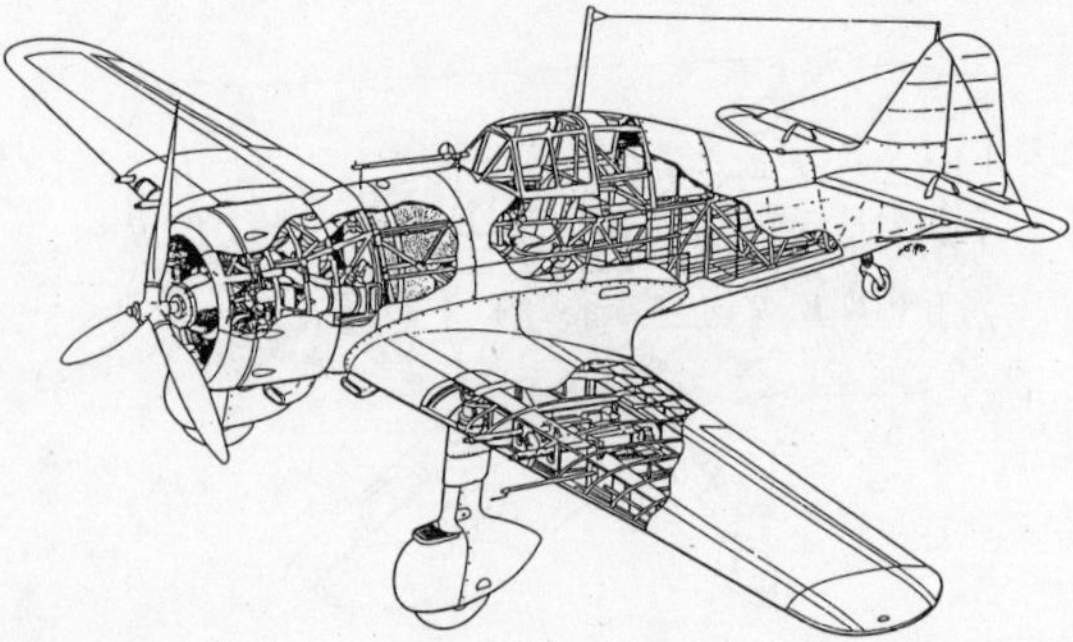

フォッカーD21（オランダ）

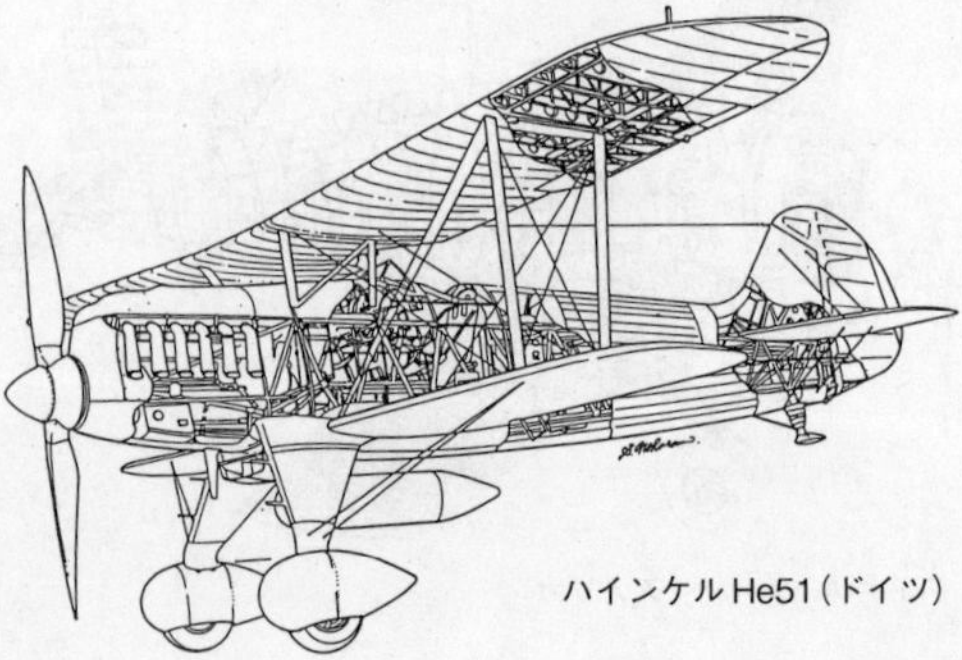

ハインケルHe51（ドイツ）

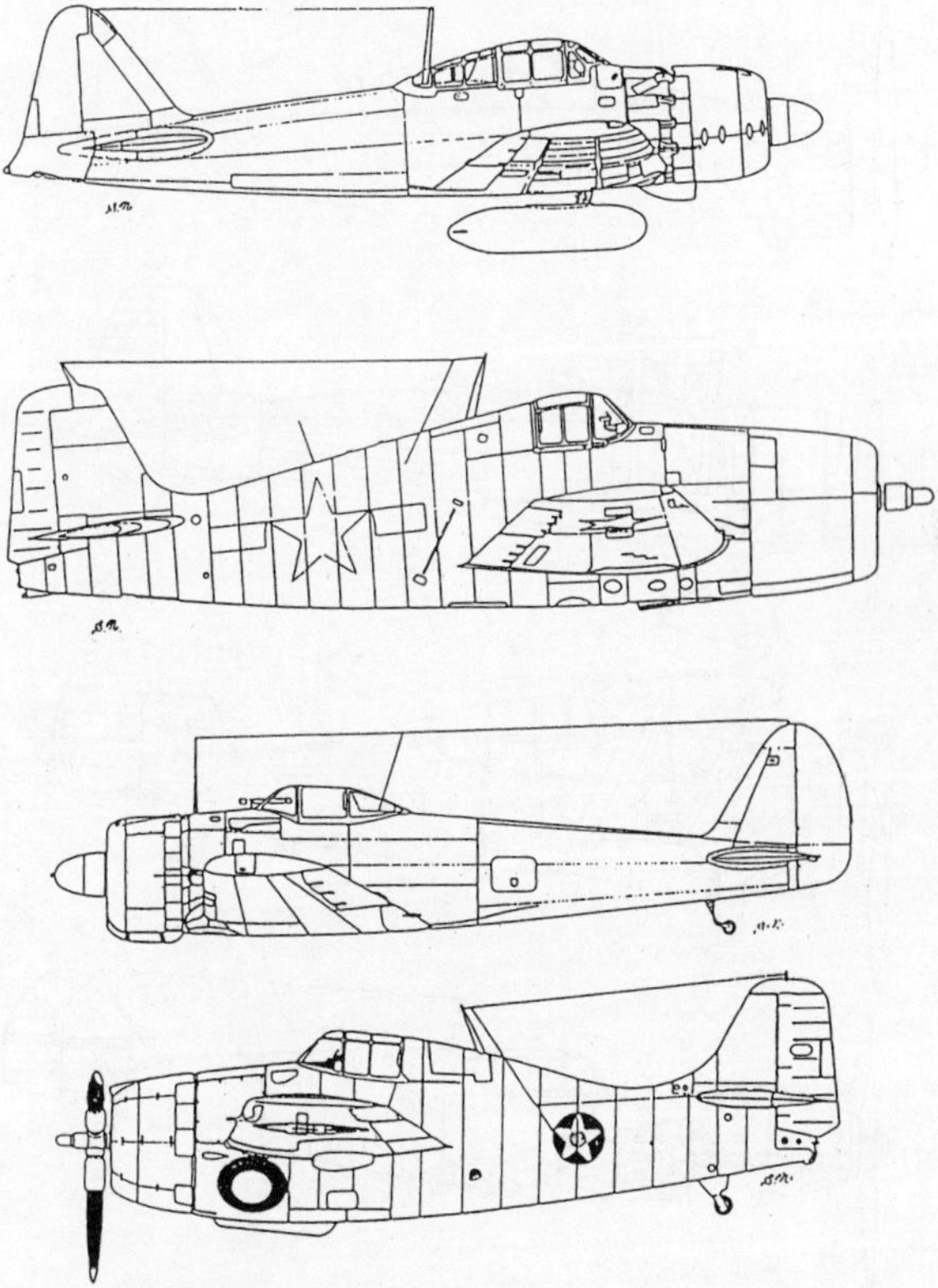

上から三菱零式艦上戦闘機(日)、グラマンF6Fヘルキャット(米)、中島一式戦闘機・隼(日)、グラマンF4Fワイルドキャット(米)

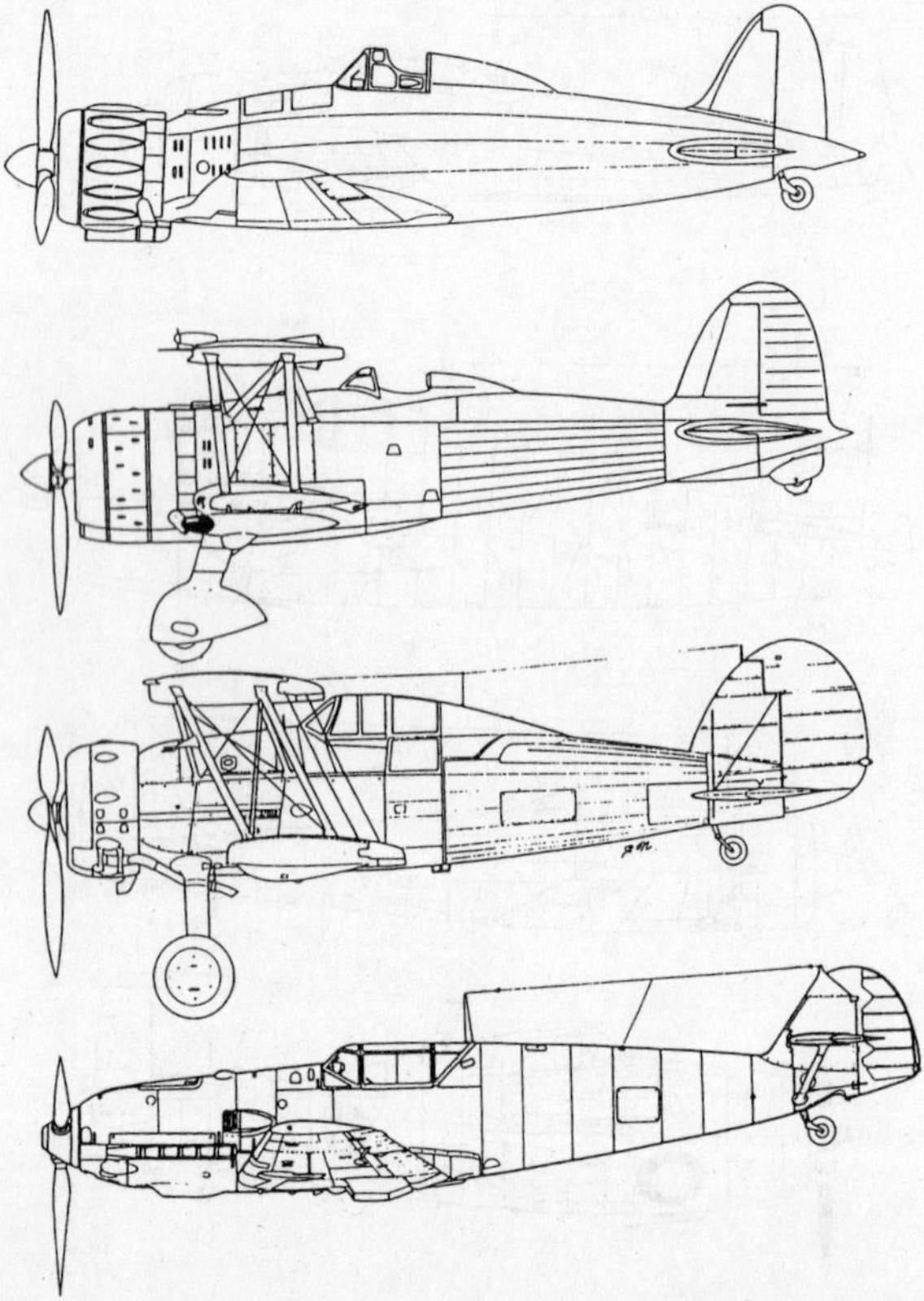

上からマッキMC200サエッタ(伊)、フィアットCR42ファルコ(伊)、
グロスター・グラディエーター(英)、メッサーシュミットBf109E(独)

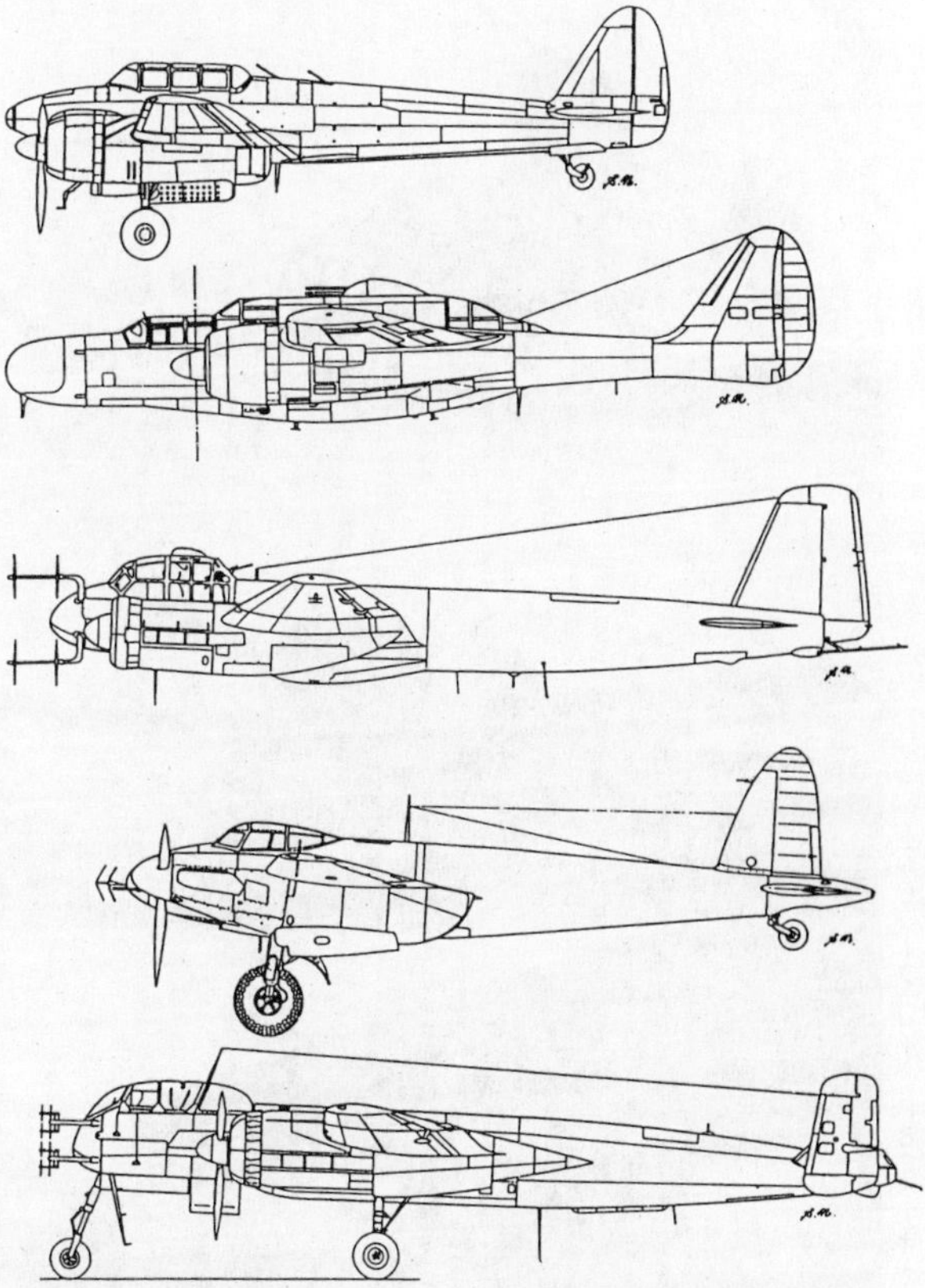

上から中島J1N1 月光(日)、ノースロップP-61 ブラックウイドウ(米)、ユンカース Ju88R-2(独)、デ・ハビランドN. F. 2モスキート(英)、ハインケルHe219 ウーフー(独)

上からシーフュリー、F8Fベアキャット、La-11

第1章　大空の騎士たち

1－A：性能評価のための指数について

本項の主旨は、大空で主役を務める戦闘機の性能を、数式の組み合わせから得られる指数によって表わそう、ということである。

この〝指数〟という言葉について、まず説明しておかなくてはならない。

指数について辞書には、

①ある数または文字の右肩に付記して、その乗ずべき（何乗か）を示す数字あるいは文字。

英：Exponent.

例：$y=a^b$, $y=3.0\times10^2$

②物価、賃金などの年々、月々の変動を一定時を〝一〇〇〟としてとして比較するための数字。

英：IndeX number.

例：物価指数、性能指数、賃金指数

とある。

ここで用いるのは当然②の方であり、ある戦闘機の性能を〝一〇〇〟として、他の機種をこの基準に対して二～三桁の数字で表わす。その数字が七〇であれば基準の戦闘機の七割、また数字が一二〇であれば二割増しの性能を示しているわけである。

1―B：基準となる戦闘機について

さて、本書ではどんな戦闘機を基準として選定しているのであろうか。基準の条件や、選んだ理由は後述するとして、さっそく機種を挙げてみよう。

第一次世界大戦（以下World War I／WWIと記す）

モラン・ソルニエL型戦闘機

それではモラン・ソルニエL型について簡単にふれておこう。

この戦闘機を、第一次大戦における基準として取り上げたのは、次の理由による。

①航空史に出現した初めての本格的な戦闘機である。

②前方射撃が可能な機関銃を装備した最初の戦闘機である。

③空中戦で敵機を撃墜した最初の飛行機であり、各型を含めると二〇〇〇機近い大量生産が行なわれた。

これだけの条件が揃えば、WWIの基準機としての条件は十分であろう。

しかし、出現したときには最新鋭機であったモラン・ソルニエL型も、戦場での恐ろしいほどの技術的進歩に追従できず、わずかハヵ月で新しいニューポール戦闘機に交代することになる。

また、今では数少ない古典機ファン？　は、モラン・ソルニエＮ型を基準に選ばなかった点を疑問に思うかもしれない。これは文献を調べてみると有名なＮ型よりも、Ｌ型の方が二倍以上の数が使用されているので、後者を選んだ。

１－Ｃ：性能を表わすための要素の組み合わせ

それぞれの戦闘機の性能を示す要素（ファクター）を掲げる。この組み合わせから種々の性能が示される。第一次大戦機の場合は、ごく簡単に計算できるが、より複雑になる第二次大戦機については後述する。

◯馬力荷重
エンジン出力一馬力あたりが負担する重量。少ないほど上昇力、加速力、旋回性が優れる。

◯翼面荷重
翼面積一平方メートルあたりが負担する重量。少ないほど旋回性が優れる。また高高度飛行が可能となる。

◯翼面馬力
翼面積一平方メートルあたりに使用できる出力。多いほど速度性能が優れる。

といったところである。

馬力荷重、翼面荷重は少ないほど良い値となり、指数とは合致しないので、逆数（一をおのおのの数字で割る）をとって数の多いほど高性能に変換した。

○速度性能指数

最高速度の指数化。

○旋回性能指数

翼面荷重と馬力荷重の積の逆数。

○防御性能指数

翼幅と翼面積の積の平方根をとり、それを逆数で指数化。

この防御性能指数の考え方は、ともかく機体が小さければ、敵に発見されにくい、敵弾が当たりにくい、旋回半径が小さく射弾を回避しやすい、と見込んでいる。また生の数字ではなく、平方根を用いているのは、おのおのの値の差を小さくするためである。

○総合性能指数

速度、旋回、防御性能を掛け合わせて指数化。

○設計効果指数

総合性能をエンジン出力で除したもの。つまり、いかに少ないエンジン出力で優秀な性能の機体を設計したか、という技術的な評価である。別な観点にたてば、強力エンジンが用意されていれば、高性能の機体が生まれるのは当然、というわけである。

第一次大戦中はともかく、太平洋戦争中の日本の設計者のためには、どうしてもこの手法による評価はとりいれるべきだと考える。

◯生産効果指数

総合性能を自重量で除した値。

この生産効果指数は、重量当たりの性能を比較する。その戦闘機の重量一キログラムがどれだけの能力を発揮するか、という目安である。

戦闘機を大量に生産する場合、それに要する資材の量と手間（工数）は重量に比例すると仮定している。したがって、戦時であれば軽量で高性能の機体を大量に生産すべきである、という指標になる。

以上のように数式と指数を算出した。本来なら各項目をより詳細に説明し、このような簡易式から性能を評価することの意義を論じたいところである。

しかし次の観点から、ごく簡単な評価にとどめた。

①複雑な数式を用いたところで、実際の空中戦では、不確定の要素が多いこと。

②航空機の性能、公表データは、個々の条件の違いにより、必ずしも一致しないこと。

③中・高校生および非技術系の大学生の読者でも、数式、指数化の意味を理解し、かつ自分で戦闘機の性能を計算できること。

特に③の意味するところは十分に大きく、電卓、パソコンを使って楽しみながら読み進められるはずである。

また第一次大戦に登場した戦闘機の武装に関しては、そのほとんどが七・七〜七・九ミリ機関銃が二門となっているため、攻撃力として算出していない。なかには七・九ミリ一門、あるいは三門といったものもないわけではないが、それらはごく特殊な機体といえる。

七・七〜七・九ミリ機関銃は第二次大戦の勃発頃までは、戦闘機のもっとも一般的な兵装で、したがってこの火力は一九一八年から約二〇年間変化がなかったことになる。

第一次世界大戦

ではいよいよ第一次世界大戦の空の戦いを見ていくことにしよう。

登場するのは、革のヘルメットに純白のマフラー、そして真紅のフォッカー三葉機を操るリヒトホーヘンなど、歴史上最初で最後となる〝空の騎士たち〟である。

彼らの乗馬は一〇〇〜一五〇馬力のエンジンを取り付けた、鋼管に羽布張りのマシンであり、吹きさらしの操縦席に座って、生まれたばかりの飛行機を手足のごとく操って敵と戦うのだ。

今から約一〇〇年前に発生した大戦争に参加した航空機に言及する前に、この大戦自体を説明しておかなくてはならない。なぜなら、すでに七〇歳を超えたオールドファン以外には、この第一次世界大戦についての知識が極めて乏しいからである。

昭和十七年生まれの筆者でさえ、一九三六年のスペイン内乱以前の戦争の知識は皆無に等しく、本書を執筆するにあたって、この大戦を勉強し直した。

この大戦の後半、航空戦の規模はきわめて大きくなり、主要な交戦国はこれに対処するため月産三〇〇〇機以上の航空機を生産している。

くり返すが月産三〇〇〇機！　である。

これらの事実も、大戦のアウトラインを正確に把握していないとなかなか理解しにくい。

また同じ理由から、大戦中の代表的な戦闘機のデータを掲げておく。

第一大戦の戦闘機の要目と性能

	アルバトロスDⅢ	ソッピース・キャメルF1	三菱零戦二一型
全長	七・三m	五・七m	九・一m
全幅	九・一m	八・五m	一二・〇m
重量	六四〇kg	四七五kg	一六八〇kg
翼面積	二〇・五㎡	二一・五㎡	二二・四㎡
エンジン出力	一七五HP	一八五HP	九四〇HP
最高速度	一七五km/h	一三〇km/h	五三三km/h
上昇限度	五五〇〇m	五八〇〇m	一万三〇〇m
航続距離	二七〇km	三四〇km	二六八〇km
武装	七・九mm×二	七・七mm×二	七・七×二、二〇×二
馬力荷重	三・六五kg/HP	三・六五kg/HP	一・七九kg/HP

翼面荷重　三一・一kg／m²　二三・一kg／m²　七五・〇kg／m²
翼面馬力　八・五四HP／m²　八・六〇HP／m²　四二・〇HP／m²
生産機数　一一〇〇機　五五〇〇機　一万一〇〇〇機
就役年月　一九一七年四月　一九一七年六月　一九三九年四月

注・アルバトロスDⅢは独、ソッピース・キャメルF1は英、参考のため日本海軍の零式艦上戦闘機二一型のデータを加えた。

これは次の「大戦中の戦闘機の分析」のための基礎的な知識となるはずである。一九一四年七月からはじまった大戦争に参加した航空機のおおまかな性能の把握は、次項の理解に欠かせない。

それでは、人類の歴史はじまって以来の大戦の説明からはじめよう。

第一次世界大戦について

その名のとおり、欧米先進国のすべてが参加した大戦争は、一九一四年七月二十八日、オーストリア＝ハンガリーがセルビアに宣戦を布告したことにより開始された。

ヨーロッパを覆った大きな戦火が消えたのは一九一八年十一月十一日であるから、実に四年三ヵ月半の長い長い戦争であった。

第二次世界大戦（および太平洋戦争）との交戦期間を比較すると次のようになる。

●第二次世界大戦（以下 World War II／ＷＷⅡと記す）
一九三九年九月～四五年八月まで、五年一一ヵ月
●太平洋戦争
一九四一年十二月～四五年八月まで、三年八ヵ月
また参戦国の数は、実質的な戦闘に参加せず宣戦布告のみを行なった国も含めると、両大戦とも五〇ヵ国を超えている。
戦争の規模を示す目安となる兵士動員数は、
　ドイツ、他（枢軸側）　英・仏・米（連合軍側）
ＷＷⅠ　二三九〇万人　四二二〇万人
ＷＷⅡ　二二〇〇万人　四一〇〇万人
一方これに対する直接の死傷者数は、
　ドイツ、他（枢軸側）　英・仏・米（連合軍側）
ＷＷⅠ　三三九／一二〇〇万人　五一六／一六九〇万人
ＷＷⅡ　三六〇／一〇〇〇万人　一四五〇／二〇〇〇万人
（上段戦没者、下段負傷者。捕虜を含む）
という莫大な数値となる（資料：国際年鑑 The World Almanac 1950）。
これらの数字から、第一次大戦が第二次大戦に劣らぬほど大規模な戦争であったことが理解されると思う。

さて大戦の戦局を駆け足で追ってみよう。
○開戦初期、ドイツの攻勢、フランスの首都パリに迫る。
九月「マルヌの戦い」でドイツは敗れ、戦線は固定化してしまう。
○ドイツ、八月末に東部戦線の「タンネルベルクの戦い」でロシア軍を破る。
○トルコ、ロシアと交戦。イギリス、ロシアを援助しトルコ攻略をはかるが失敗。
○一九一五年五月、ジュットランド沖で英、独大海戦。しかし結着つかず。
○オーストリア＝ハンガリー、ロシアを攻撃。イタリア、連合軍側について参戦。
○いずれの戦線も膠着状態となり、兵員の損失数は膨大なものとなる。
○一九一七年四月、アメリカ参戦。ドイツ不利となる。しかしロシアに革命が起こり、単独和平。したがって東部戦線のドイツ軍西部戦線へ移動。
○一九一八年三月、ドイツ軍最後の大攻勢失敗。連合軍反撃。トルコ、オーストリア＝ハンガリーなど休戦申し出。
○ドイツ海軍で反乱発生。この反乱が拡大。ドイツ条件付き降伏。
以上のように、第一次大戦は第二次大戦の場合と非常によく似た経過をたどった。

まず英・仏とドイツが開戦し、これらの国々の戦いでは結着がつかず、かなりの期間をおいてアメリカが介入。これによってドイツは一挙に劣勢に追い込まれる。

WWⅠ、WWⅡの大きな相違は、第一次大戦のときには日本、イタリアは連合軍側について参戦していたことであろう。

両軍の主な参戦国は次のとおりである。

連合軍側	ドイツ・オーストリア側
ロシア	ドイツ
フランス	オーストリア＝ハンガリー
イギリス	トルコ
アメリカ	ブルガリア
日本	
イタリア	
セルビア	
ギリシャ	

〝戦争は技術の進歩を押し進める〟という格言は、ある面では確かに的を射ている。その好例が第一次大戦における航空機の発達である。

航空機の保有数という面からこの事実を見ていこう。

	開戦時	戦争中の生産数	終戦時
イギリス	約七〇機	約五万五〇〇〇機	約一万一〇〇〇機
フランス	一四〇	二万四〇〇〇	六〇〇〇

イタリア　一七〇　一万二〇〇〇　一七〇〇
ドイツ　一八〇　四万九〇〇〇　二五〇〇
アメリカ　二〇　一万八〇〇〇　三七〇〇
（練習機などを含む総数）

ともかく、一九一四年秋のWWI開戦時には、世界中で軍用機と呼べるものは全部あわせても一〇〇〇機程度であった。ライト兄弟による人類初の動力飛行が一九〇三年であるから、これは当然ともいえる。

しかし戦争がはじまると飛行機の生産は一気に加速し、四年三ヵ月の戦時期間に世界中で実に一八万機近い航空機が生み出された。

なかでもイギリスはその三分の一にあたる五万五〇〇〇機を生産、最盛期には一ヵ月に三五〇〇機！　を製造した。

空中戦闘における航空機搭乗員の戦死者数は、英九五〇〇名、仏八〇〇〇～九〇〇〇名、独八二〇〇名、米二四〇名、伊一七〇〇名である。

第一次大戦下の航空戦についてまとめてみると次のことがいえる。

○航空機の総生産数は第二次大戦の数とほぼ同じである。

○単座機が多く使用されているので、戦闘が激しかった割には、死者の数が少ない。

○ドイツは常に連合軍側の半分以下の戦力で戦っていながら、自軍の損失の二倍の戦果を得ている。

◌航空戦の九〇パーセントが、制空権の奪取を目的とするということではなく、敵兵力の撃滅のみを目指していた。

◌戦略爆撃は存在したが、規模はきわめて小さい。

　さて四年半以上に及び、ヨーロッパはおろかアジアまで巻き込んだ戦争の結果、世界はどう変わったのか。

　敗戦国のドイツ、オーストリア＝ハンガリーは海外の植民地を失い、国土も多少狭くなった。またトルコは一時その独立を否定されそうになったが、交渉を重ねた末生き延びた。

　戦勝国のうち、英・仏の経済に疲労の色が見えはじめる。同じ戦勝国でもアメリカ、日本は損害もわずかで、この戦争をバネにして大国へのしあがろうと動きだす。

　この結果、一〇〇〇万人近い戦死者を出した教訓もすぐに忘れられ、終戦のわずか一八年後には、国際的な代理戦争というべきスペイン内乱が発生する。そしてその四年後には同じ場所を舞台に〝第二次〟と呼ばれる大戦争が勃発するのである。

大戦前半の戦闘機の評価（一九一四～一六）

　一九一四年七月二十八日、第一次世界大戦は開始された。八月五日までにはオーストリア＝ハンガリー側にドイツ、セルビア側に英仏が加わり、戦線は拡大した。

　各国の飛行可能状態の航空機はさっそく偵察用として使われはじめたが、その数は両軍で五百機に満たない。

敵味方の偵察機が戦線の上空で出会ったとき、最初のうち互いに払われていた敬意は、すぐさま敵意に変わった。

まず、相手の航空機に向かって石（実際にはレンガ）が投ぜられた。この超原始的飛道具《ミサイル》による損害は皆無であった。しかし攻撃された側は、次の出撃のさい、コクピットにライフルを持ち込んだ。こうなれば、すでに兵器として完成していた機関銃の航空機への搭載は、もはや時間の問題であった。

最初に前方射撃が可能な固定式機関銃を装備した戦闘機は、フランスのモラン・ソルニエN型である。肩翼（高翼ではない）単葉で、各部に張り線を張りめぐらし、大きなスピナーがスマートな戦闘機である。

機銃は機首のカウリングの上部に備えつけられているので、発射された弾丸は当然プロペラの回転面を通過する。そしてプロペラの回転と無関係に発射される。したがって弾丸は時には自分のプロペラに当たる、という恐ろしい機構であった。

これに対しドイツ軍は、同じく単葉のフォッカーEⅢを投入する。機首にスピナーがあれば、モラン・ソルニエN型とフォッカーEⅢは驚くほど似ている。

形状も寸法もほぼ同じである。重量もN型四七一キログラム、EⅢ四四〇キログラムでほとんど等しい。しかし、エンジンパワーはEⅢが二〇パーセント大きい（八〇馬力対一〇〇馬力）。この差は馬力荷重で二四パーセント、翼面馬力で五〇パーセント、EⅢに有利にでている。

こうなると、すべての面でEⅢはモラン・ソルニエを上まわり、空中戦では完全に優位に立つ。それに加えて、EⅢは機銃の発射とプロペラ回転をシンクロ（同調）させた新システムを装備していた。

EⅢは、戦争初期のドイツ陸軍の大攻勢に時を同じくして大活躍する。指数から見ても、モラン・ソルニエN型の約二倍の性能をもっていたと思われる。

しかしEⅢの活躍を知ったフランス技術陣は、すぐさまニューポール11型を開発し戦線に送り込む。エンジン出力は小さいが、運動性が良く、またEⅢと同様のシンクロ機銃発射装置をもっていた。複葉であるため全体的に小さく、スパンはEⅢ型九・四メートル、ニューポール11型七・六メートルである。この新戦闘機はフランスのエースパイロット（ギヌメール、ナンジェッセ）らによって、ドイツ陸軍航空隊を圧倒するのである。

さて第一次大戦の戦闘機はエンジンと機関銃を除けば、あとは家内工業的に製造できる。そのためか、新型機の開発テンポが第二次大戦のものに比してきわめて早い。この点についての資料は少ないが、設計に一～二週間、試作から初飛行まで一～二ヵ月しかかからなかったようである。

このあとテスト、改良、部隊への配置までの期間を見ても、わずか半年程度である。したがって戦線に新鋭機が登場しても、それが活躍できる期間は六～八ヵ月、このあとすぐに能力的に勝る敵の新型機が姿を現わすことになる。

ドイツ、フランスが軽量の高性能機を次々と送り出している間、連合軍のもう一方の雄イギリスは、このような戦闘機を造り出せなかった。主役は双胴、推進式エンジンのロイヤル・エアクラフト・ファクトリー（RAF）のFE2、FE8型である。プロペラが胴体の後方に位置するので、脚が長い。

この型式だと、たしかに同調装置なしの機関銃でも自分のプロペラを撃つことがない、といった利点はある。しかし機体重量は双胴のため重くなり、FE2シリーズの自重は一トンに近い。FE2～FE8は合計で五〇〇〇機も生産されたが、あくまでも偵察機として使われるべきであった。指数を見てもFE8型は総合性能一四七と低い値になっている。

ここで大戦前半の仏、英、独の代表的戦闘機を比べてみよう。

	性能指数
フランス	
ニューポール11	二七〇
スパッド57	四四〇
ニューポール17	三四八
平均	三五三
イギリス	

	性能指数
ブリストル・スカウトD	一三三
RAF・FE8	一四七
ソッピース・パップ	一二三
平均	一三四

これをみても英軍戦闘機の性能の低さがわかる。イギリス技術陣の必死の新戦闘機開発も思うように進行せず、一部の飛行中隊はフランス製の機体を使用せざるを得ないような状態に追い込まれる。

一方ドイツの戦闘機に目を移そう。

ドイツ	性能指数
フォッカーEⅢ	二一二
ハルバーシュタットDⅡ	二三一
アルバトロスDⅡ	一八二
平均	二〇八

フォッカーEⅢの後継機としてハルバーシュタットDⅡ、アルバトロスDⅡが出現する。しかしフランス側は一七五馬力付きのスパッドS7を投入する。

数値から見るとおり、戦場で相まみえる戦闘機群のなかで、もっとも高性能のものはフランス機であった。ドイツは起死回生をはかり、アルバトロスDⅢをデビューさせる。本機は連合軍（とくにイギリス航空隊）を痛撃し、「血まみれの四月（一九一七年）」と呼ばせるほどの活躍をみせたのである。

前半の空中戦の経過

一九一五年夏

フランスのモラン・ソルニエ戦闘機、八ミリ口径機関銃を装備してドイツ機を圧倒する。その後ドイツ軍はフォッカー単葉機に同調式機関銃を装着、英・仏軍機を大量に撃墜し「フォッカーによる災難」と呼ばれる。このフォッカーEⅢ型による優勢は一九一六年春まで続く。

一九一六年春

フォッカーE型に対抗してフランスはニューポール11型を投入。これによりフォッカーE型は敗れ、連合軍優勢となる。加えてニューポール16、17型、そして前半戦の主役スパッド7型が登場し、春から夏にかけて連合軍航空部隊が制空権をにぎる。

一九一六年夏

ドイツ側アルバトロスＤⅡ、ハルバーシュタットＤⅡを投入。これらの機体の性能は、連合軍機を凌駕したわけではないが戦術が向上。連合軍の制空権は失われる。

一九一六年秋～冬

空中戦の戦局は、ほぼ互角である。両軍とも軍事用航空機の役割を重視し、大量生産に移る。

一九一七年春

ドイツはアルバトロスＤⅢを投入。一気に制空権の奪取をはかる。ＤⅢは旧式の英軍機を圧倒、一九一五年の夏と同様にドイツ側が完全に優勢となる。イギリスはＤⅢに対抗するものとしてソッピース・トリプレーンを投入するが、太刀打ちできず形勢は変わらなかった。この時点でイギリス機は、友軍であるフランス機よりも性能的に大きく劣っていた。

一九一七年初夏～秋

ドイツ軍のほとんどの飛行中隊にアルバトロスＤⅢが配属され、その威力は絶頂期に達する。

大戦後半の戦闘の評価（一九一七年～一八年）

第一次大戦初期に行なわれたドイッ軍の大攻勢は、パリ占領を目指していたが、結局失敗に終わった。ドイツ軍はパリの北東約一五〇キロの地域に大規模な陣地を設営する。

これに対する英、仏連合軍の攻撃も損害が多く、結局、西部戦線（West Front）は長期にわたる膠着《こうちゃく》状態に入った。これがレマルクの名作『西部戦線異状なし』の状態である。いずれの側も堅く防御された敵陣地を攻撃すると、莫大な損失を招くので動けないのである。英軍によって戦線に投入された超新兵器、〝戦車〟も、局地的攻勢に役立った程度で、戦局を左右することはできなかった。

このように動きのない戦場の上空では、連日のごとく英・仏対ドイツの戦闘機による空中戦が展開された。

空中戦の規模は次第に大きくなり、一日に延べ一〇〇〇機が参加するほどであった。この理由は、戦略爆撃の思想、技術がまだ育つ前で、航空機の生産を互いに妨害できなかったこと、爆撃機の航続距離が短く、敵の航空基地を十分に叩けなかったことによる要するに空中戦で敵戦力を撃滅する以外に、航空戦の勝利への道は存在しないのである。両軍は次々と開発した新型機を戦闘に投入した。それらは、

○フランス
ニューポール11
ニューポール17
スパッドS7
スパッドS13
○イギリス

ソッピース・キャメルF1
RAF・SE5
ソッピース・トリプレーン
と続く。
これに対応して、
○ドイツ
フォッカーDⅡ　アルバトロスDⅡ
↓　　　　　　　↓
フォッカーDⅢ　アルバトロスDⅢ
↓　　　　　　　↓
フォッカーDr1　アルバトロスDV
↓
フォッカーDⅦ
と二系列の戦闘機を送り出す。
新鋭機だけではなく、戦闘技術もそれにつれて進歩した。単機同士によるドッグファイトから、編隊による一撃離脱急降下攻撃に変わりつつあった。
このころの戦史を読むと、ベテランのパイロットはしぶとく生き残っていくが、経験の浅い操縦士の三〇～四〇パーセントは一～五回目までの戦闘で撃墜されている。

オーストリア＝ハンガリー対イタリアの、また東部戦線（ドイツ対ロシア）の空中戦はそれほどシビアではなかったようだが、いずれにしても一瞬のスキがパイロットの命を奪うことに変わりはなかった。

ヨーロッパの上空では、よほどの荒天でないかぎり、カラフルでオモチャのような飛行機が乱舞していた。地上から見れば、それは子供たちの、〝鬼ゴッコ〟に見えた。しかし数分をおかず、長い煙の尾を引いて落下するもの、明るい火焔とともに爆発する機体が見え、美しい田園の上空は地上と同じ死が支配する世界であった。

技術的に大戦後半の戦闘機を調べてみると、その発展のテンポは驚異的である。とくにフランス機の進歩は素晴らしい。後半の空中戦の主役ともいえるスパッドS13と、基準のモラン・ソルニエL型機を比較してみると、この事実はよく理解できる。

わずか三年の間に

出力は八〇から二三五馬力に（約三倍）

翼面馬力荷重指数は二・三四倍

馬力荷重指数は二・五倍

に増えている。したがって、当然ながら最大速度は一一五から二二二キロ／時と二倍になっている。これは水平最高速度であるから、急降下速度となればこれまた二倍にもなろう。

ドイツ機も性能の向上は著しいが、どうも高出力エンジンの開発に手間どっていたらしく、終戦までに二〇〇馬力級のものを入手することはできなかった。

これに対し、イギリスで実用化されたものはファルコンMk3（二七五馬力、ブリストルF2Bに装備）、試作ロールスロイスV12（三七五馬力）、フランスは三〇〇馬力級、アメリカは四〇〇馬力（試作）の開発に成功している。

また航空機の月別の生産数は、ドイツを一〇〇とした場合、平均的に英・仏は合計一七五であった。

ドイツ航空部隊が数的に劣勢にもかかわらず、必死に支えていた西部戦線も、一九一七年夏ごろから次第に崩れはじめる。

一九一七年四月初めに、ドイツに宣戦布告を行なったアメリカの戦力の影響が出はじめたのである。有力な航空部隊をもっていなかったアメリカ陸軍は、フランスの技術、資材援助により徐々に力を蓄えていた。

また陸上兵力についても、参戦したアメリカから昼夜を問わず八分当たり一〇人の割合（一日一八〇〇人：アメリカのPRのビラによる）で、兵士がヨーロッパへやってきた。

米軍の航空部隊は、翌年の夏までには飛行機八〇〇機、兵員八〇〇〇名にまで増強される。

このような事態になれば、ドイツ航空兵力が間もなく消滅することは誰の目にも明らかであった。にもかかわらず、独パイロットの士気は最後まで衰えを知らず、数の上では二倍の敵と同等以上の戦いを続けた。

飛行従事者の戦死者数を調べると、連合軍のそれが、ドイツ側の二倍に達している。この結果こそ、それほど性能が優れているとは思えない機体で、独パイロットがいかに善戦したか、という証拠であろう。

戦争の後半、ドイツの戦闘機は離陸すれば敵に出会えるが、連合軍操縦者はなかなか敵を見つけられないという数の不均衡が明確になってきた。それでも敗戦の三ヵ月前の八月八日、ドイツ軍は自軍の損失三〇機で、連合軍機六二機を撃墜している。

四年半ぶりにヨーロッパの空に平和が戻ってきたとき、イギリス側には約二万機の戦闘機があった。一方、戦いに敗れたドイツ側はわずかに一七〇〇機であった。いつの間にか、両軍の航空兵力の差は五倍以上に広がっていた。

またそれと同時に色彩豊かな機体を、革のヘルメットと白いマフラーに身を飾って、飛行機械を自由自在に操る空の騎士たちの時代も終わりを告げたのである

第一次大戦での最優秀戦闘機は？

四年以上の長きにわたった大戦争は、一九一八年の晩秋にやっと幕を閉じた。

この間の空中勤務者の損失はごく大まかな数字ではあるが、英九・五、仏八・五、独八・二、伊二・五、露三・八、オーストリア＝ハンガリー三・二、その他五・〇（単位千人）の、合計五万人近くに達している。

一方、これらの戦死者数とは無関係に、〝戦闘機という武器〟は戦争によってその地位を確保し、その後も絶え間ない進歩を続けることになる。

技術の進歩は、このように過去の技術を超えることによって進んでいく。
航空機が大規模に参加するこのあとの戦争は、一九三六年七月からはじまるスペインの内乱である。

それではWWIに参加した戦闘機のなかから、もっとも優秀と思われる機体をピックアップしてみよう。

またそれだけではなく、種々の項目についてベスト一～五までの順位づけを行なってみる。これによって、時代が必要としていた理想の戦闘機の姿が、浮かびあがってくるかもしれないのである。

同じ時代の戦闘機に性能別にランクをつけるという作業は、WWIの場合に限らず、第二次大戦のヨーロッパ、太平洋戦域、また大戦後の戦争に参加したレシプロ戦闘機についても実行してみたいと筆者は考えている。

多少、流行歌の人気投票のような感がなきにしもあらずだが、ひとつの国家が総力を挙げて作りだした技術的頂点ともいうべき戦闘機が、他国のものと比較して、どの程度の位置にあるのか、またあったのか、そこが知りたいのである。

さて話をWWIの戦闘機に戻そう。計算結果の数字をもとにして生み出された指数を相対的にながめてみる。

①速度性能指数

②旋回性能指数

③総合性能

まずこの①〜③で戦闘機の性能を直接評価する。

次に同じく

④設計効果指数

⑤生産効果指数

を取り上げる。すでに説明したように、④はいかに少ない馬力のエンジンで高性能を得ることができたか、という設計者の手腕を問う指数である。

一方、⑤は総合性能の高い機体をいかに軽く作るか、という指数である。工作時間、資材の量は自重に比例するという前提で考察されている。

最後に、総合順位表を新しく作成してみた。

これは①〜⑤の高い指数を示す航空機に、一位六点、二位五点、……五位二点、次点となったものに一点を与える。そしてその合計得点で再び一〜五位（総合順位）を決定しようというものである。

それではまず指数順位表の分析から取りかかろう。

速度性能の一位は、スパッドS13（仏）とRAF・SE5（英）が分け合った。ドイツ側では、終戦直前に登場したフォッカーDⅦが四位に入っている。この戦闘機は下の翼のスパンが上翼より短くなっていて、S13、SE5より高速発揮が可能なはずであるが、データはその事実を示していない。しかし、最高速度（水平飛行）ではなく急降下速度をとれば、DⅦはWWIの戦闘機中最速だと断言できる。

　旋回性能もスパッド系の戦闘機が上位に入っている。とくに速度性能で一位のS13は、この項でもトップである。これは自重がほぼ平均値（五九〇キログラム）であるのに、驚異的な出力（二三五馬力）のエンジンを装備しているからである。

　WWIの単座戦闘機で、二〇〇馬力以上のエンジンを付けているのはスパッド系だけである。ともかくイギリスがもつ最強力エンジンの出力は二〇〇馬力（SE5）、ドイツのそれは一七〇馬力（アルバトロスDⅢ）であるから、フランスの有利は明らかである。

　第二次大戦と同様に、ドイツ側はエンジンの出力では常に連合軍に水をあけられていた。

　総合性能に関しては、速度、旋回性とも優れたスパッド系が当然上位を占める。その上この項では後期に登場した連合軍機が独占している。とくに上位の三機は、大戦初期の両軍の主力機（モラン・ソルニエ、フォッカーEⅢなど）の三〜四倍の能力を発揮するほどになっている。

　指数のなかには算入していないが、搭載している機関銃も初期の一梃から二梃に、また弾丸も二倍積めるようになった。もっとも、エンジン出力も二〜三倍に増えているから、推力に余裕が生じたのであろう。

　さて次の設計効果指数では、スパッド系にかわって、軽量のニューポールが上位を占める。またドイツのエース、リヒトホーヘンの乗機フォッカーDrI三葉機が三位に登場している。

ニューポールは一〇〇～一六〇馬力程度のエンジンに、軽い機体を組み合わせてドッグファイト（格闘戦）を得意とする戦闘機を次々と生みだした。

WWIでもっとも有名なフォッカー三葉機は、リヒトホーヘン（撃墜八〇機）の愛機として、真紅の翼を西部戦線上空に輝かせた。

全長五・八メートル。全幅七・二メートルという寸法は、WWIの戦闘機としても信じられぬほど小さい。このスパン（翼幅）の小さいことを利用した旋回性能の素晴らしさは、連合軍を驚かせた。

しかし結局はそれだけの戦闘機でしかなく、DrIの総生産数が四〇〇機に満たぬことが如実にその事実を証明している。これに対してスパッドS13は、実に八五〇〇機ちかく生産された。

DrIのエンジンの出力はわずか一一〇馬力。この軽戦闘機が一九一五年の初期に登場していれば、最高の活躍をしていただろう。しかし一九一七年になっていては、もはや登場したときから時代遅れであったといえる。DrIはスパッドS13と比較すると、六〇キロ／時も遅いのである。これでは、ドッグファイトから高速度による一撃離脱戦法に変わりつつあった空中戦に勝つことは不可能である。

さて総合性能を自重で割った生産効果指数を見ることにしよう。

ここでも一～四位をフランス機が占める。五位にDrI、イギリス機としては次点となったキャメルF1が顔を見せるだけである。

とくに、どちらかというと重戦闘機（ＷＷⅡのリパブリックＰ47サンダーボルト、現代のＭＤ・Ｆ４ファントムⅡのような）的なスパッドが、この項目でもトップを占めているのは脱帽のほかはない。

次に、これまで記述してきたＷＷⅠにおける総決算として、総合順位表を掲げる。前述のように、各項目について六〜一点を与えられた結果を示してある。

順位	機種	得点
一位	スパッドＳ13	二三
二位	スパッドＳ７	二〇
三位	ニューポール17	一三
四位	ＲＡＦ・ＳＥ５ａ	一一
五位	ニューポール11	九
次点	フォッカーＤｒⅠ	六

以上の結果を読者諸兄、とくにオールド航空エンスージアストはどのように評価されるであろうか。間違いなく言えることは、第一次大戦の最優秀戦闘機はフランス製であった、という事実である。

なお、項目ごとの順位と指数を次に掲げ、締めくくりとしたい。

○速度性能の順位と指数

一位　スパッドS13　一九三
二位　RAF・SE5a　一九三
三位　ニューポール28　一九〇
四位　フォッカーDⅦ　一七四
五位　ブリストルF2B　一七二
次点　スパッドS7　一六七

○旋回性能の順位と指数
一位　スパッドS13　二三〇
二位　スパッドS7　二一八
三位　ソッピース・トリプレーン　一九八
四位　ブリストルF2B　一九四
五位　ソッピース・キャメルF1　一九二
次点　RAF・SE5a　一七九

○総合性能の順位と指数
一位　スパッドS13　四六三
二位　スパッドS7　四四〇

三位　RAF・SE5a　三五九
四位　ニューポール17　三三四
五位　ニューポール28　三三二
次点　ソッピース・キャメルF1　三二五

◎設計効果の順位指数
一位　ニューポール11　二七〇
二位　ニューポール17　二四三
三位　フォッカーDrI　二二六
四位　スパッドS7　二〇一
五位　ソッピース・キャメルF1　二〇〇
次点　ソッピース・トリプレーン　一九九

◎生産効果の順位と指数
一位　スパッドS7　四一五
二位　ニューポール17　三八七
三位　スパッドS13　三七〇
四位　ニューポール11　三六八

五位　フォッカーDrI　三四八
次点　ソッピース・キャメルF1　三二三

第2章　大戦の予兆

暗雲のなかの戦闘機

一九一八年十一月十一日、「第一次世界大戦」と呼ばれた凄惨な戦争は一応幕を閉じた。

人類はこの戦争から、戦争というものが国家、個人をいかに破壊するか、ということを十分に学んだはずであった。しかしヨーロッパから戦火が消えていた期間はわずか二〇年足らずで、一九三五年にはくすぶり続けていた残り火が勢いを増しはじめる。

まずイタリアがアフリカのエチオピアへ侵攻し、これが第二次世界大戦への序曲となった。続いて一九三六年に南ヨーロッパのスペインに大規模な内戦が勃発する。

一方、アジアにおいても日本の中国侵略が、一九三七年から本格的な両国の武力衝突を招いていた。この一九三五〜三九年の間に、規模はそれほど大きくないが、きわめて激しい軍事紛争がヨーロッパ、アジアで多発している。

これらの小さな戦争の火種が互いに関係しあって一九三九年九月、第二次世界大戦と呼ばれる大戦争を引き起こすのである。

この章では、再び世界を覆いはじめた暗い雲と、それに巻き込まれた猛禽《もうきん》たちの足跡をたどっていこう。

この〝大戦の予兆〟の時代に、空軍力が行使された戦争は次のとおりである。

◯スペイン内乱：一九三六年七月～三八年十二月

◯ソ連／フィンランド戦争（第一次・冬戦争）：一九三九年十月～四〇年三月

◯日中戦争（日本／中国）：一九三六年二月～一九四五年八月

◯ノモンハン事件（日本陸軍／ソ連・モンゴル、第一次・第二次）：一九三九年六月～九月

このなかで日中戦争のみは中国側の空軍力が弱体であったので、それほど激しい空中戦は行なわれていないが、他の戦域では戦闘機同士が激しくぶつかりあっている。そして、いずれの空軍も、その戦場から次の世代へ受け継ぐべく新しい戦闘機の要求と仕様を学んだのである。

では白銀の世界で、あるいは明るい南欧の、そしてアジアの大草原の上空で展開された空中戦を、時代の古い順から追っていこう。

最初は一九三六年にはじまったスペイン内乱である。この内乱は国内ふたつの勢力の一方をドイツ、イタリアが、もう一方をソ連が強力に支援した。

この三ヵ国の戦闘機を紹介する前に、すでにお馴染みになった指数の計算方法について、WWIの場合と多少の変更が生じているので、その説明からとりかかろう。

まず「航続距離」の項を加えた。これは標準的な航続距離とし、落下式燃料タンクをもつものについては最大航続距離に一・五（五〇パーセント増）を乗じている。他にWWIとの相違は次の部分で、「スパン平方根」の項を除いた。また新たなものとして攻撃力指数を加

えた。

○攻撃力指数（威力数）

機関銃砲の口径（ミリ）×数をもって表わす。

戦闘機にどのような口径のマシンガンをどれだけの数装備すべきか、という命題に対する答えは難しい。弾丸の威力、初速、発射速度、携行弾量などのいろいろなファクターがからみ合うからである。

ここでは攻撃力（威力数）を単純に口径×門数とした。米海軍、陸軍の一二・七ミリ×六門＝七六・二、日本軍の二〇ミリ×四＝八〇がほぼ等しい威力と考える。

○航続性能指数

この項はもちろん航続距離を比較しているわけであるが、距離を単純に比べているのではなく、その平方根をとっている。そのまま比較すると標準状態で二四五〇キロ（最大三八〇〇キロ）も飛行可能な零戦二一型と、標準で六七〇キロ（最大不明、一〇〇〇キロ程度か）のメッサーシュミットBf109Eを比べる困難さがはっきりする。

これを補正するために、数学的手法を用いているのである。

○防御力指数

この指数はWWIの場合より単純化し、翼面積の逆数の比較である。

ここでも面積わずか一五平方メートルのソ連製ポリカルポフI－16と、二二・四平方メートルの零戦、三〇・四平方メートルのP38を同一の基準で比べるため平方根を利用して、同じ割合で差を小さくしている。

翼面積の大小を、"防御力" とした理由は、翼面積が小さい（機体全体が小さい）場合、

①空中で敵に発見されにくい。これは肉眼の場合でもレーダーについても同様である。

②空中戦の場合、小さい機体に敵弾は当たりにくいと考え、防御力を算定している。

基準機の選定について

さて第一次大戦の場合、基準となるべき航空機をモラン・ソルニエL型とした。第二次大戦ではどの戦闘機が適当であろうか。候補としては次の三機種が挙げられる。

○三菱零式艦上戦闘機二一型（A６M２）〈日本〉

○スーパーマリン・スピットファイアMk２あるいは５〈イギリス〉

○メッサーシュミットBf109EあるいはF〈ドイツ〉

これらの戦闘機は第二次世界大戦の初期から何回となく改良を加えられ、一九四五年の終戦まで、それぞれ国の主力戦闘機であった。

零戦は約一万一〇〇〇機、スピットは二万八〇〇〇機、Bf109は約三万機という大量生産が行なわれ、これに匹敵するものはソビエトのヤコブレフYak－１～９のシリーズしかない。

この三機種であれば、どれをとっても〝基準〟となり得るし、また選択についてのクレー

ムはどこからも出ないと思われる。いずれも生まれ出た国の国運を肩に、大戦の初めから終わりまで戦い続けた戦闘機なのである。

筆者はこのなかから零戦二一型を選んだ。理由は明確にはできないが、三機種どれでも同じ条件であるなら、自国の機体を、と考えたわけである。

零式艦上戦闘機が太平洋戦争で大活躍したことは良く知られているが、それ以前の日中戦争でもI−15、I−16といったソ連製戦闘機と交戦している。したがって本機は昭和十五〜二十年の日本の戦争をほぼ初めから体験しているのである。そして昭和二十年八月の終戦のときにも、わが国の主力戦闘機としてもっとも多数存在していた。

同時期の陸軍の主力機、一式戦隼（キ四三）も候補となり得るが、全般的な性能は零戦に多少劣り、また総生産数も約半分なので基準機としてはふさわしくない。

ともかく、〝零戦〟は調べれば調べるほど、わが国の技術が生みだした最高の作品といえる飛行機であり、本書の目的である戦闘機の能力比較のモデルとして絶好であると思われるのである。

スペインの内乱

一九三六年はじめ、南欧の大国スペインに新しい進歩的な政府（人民政府＝共和国）が誕生する。この共和国政府はアメリカ、イギリス、そしてソ連によって承認された。

しかし革新的な政策（主に農地改革）を打ち出すと、旧地主、軍部を中心に反対勢力が結集し、内乱に発展する。この反乱軍は陸軍のフランコ将軍に率いられていたので、フランコ軍と呼ばれた。イタリアのファシスト政権はこの反乱軍を強力に後押しし、のちにドイツもこれに同調することになる。

したがってスペインの内乱は、

◯共和国軍　労働者階級、英、仏、米からの義勇兵、ソ連の強力な軍事援助、ソ連義勇軍

◯フランコ軍　資本家階級、教会勢力、陸軍の大部分、伊、独の強力な軍事援助、加えて伊、独の正規兵の参加

という図式で三年半にわたって続く。

前記の図式から見る限り、スペインにおける戦争は伊、独、ソ連の代理戦争的な様相が強く、結局フランコ側が勝利をおさめる。

なお映画化されたヘミングウェイの名作『誰《た》がために鐘は鳴る』は、この内乱に政府側に立って参加したアメリカ義勇兵を描いたものである。

さて内乱がはじまって間もないころ、戦闘に参加した航空機の数はきわめて少なかった。

それらはスペイン空軍のブレゲー19、フォッカーD13、ダグラスDC2など総数二五〇機程度であり、いずれも七～八ミリ口径の機関銃と五〇～一〇〇キロの爆弾をかかえて、あまり効果のない対地攻撃をくり返していた。

一年後、イタリアは三〇機の複葉戦闘機フィアットCR32ファルコ（隼の意。のちに発展

型のCR42となる）を伊空軍のパイロットをつけて送り込む。これに対してソ連は同様にポリカルポフI―15、I―153複葉戦闘機、I16単葉戦闘機を投入した。

ドイツは開戦とともにフランコ側を積極的に支援し、ハインケルHe51戦闘機、ユンカースJu52輸送・爆撃機を送った。のちにこの組み合わせは、新世代の戦闘機メッサーシュミットBf109Bとハインケル He111爆撃機のペアへと変化する。

しかしこの戦争の前半は、戦闘機という機種に関しては第一次大戦の流れを引き継ぐ時代であった。なぜなら南欧の空こそ、複葉戦闘機同士が戦った史上最後の戦場なのである。

共和国軍の主力はソ連製のポリカルポフI―15、そしてごく少数のイギリス製グロスター・グラディエーター、フランコ側はドイツのHe51に加えて、フィアットCR32を使用している。

それではおのおのの戦闘機のデータからみていこう。

He51とI―15はほぼ同馬力（七五〇馬力対七〇〇馬力）のエンジンを装備している。後者の方が小さく軽いから、馬力荷重指数、すなわち馬力荷重の逆数の指数化（一〇〇対一〇五）も等しくなる。航続距離、最大速度も似たようなものであり、空中戦での勝利は腕の良いパイロットの側にころがり込む。

最大の相違点は武装である。He51の七・九ミリ×二梃（指数二九）に対しI―15は七・六二ミリ×四梃（同五五）とほぼ二倍の威力をもつ。強力な火力は空中戦はもちろん、地上掃射の場合とくに大きな効果を示す。

この時期から大戦初期のドイツ空軍機、イタリア機、日本陸軍機の火力は貧弱の一言であり、七・九ミリ×二梃では、二〇年前のWWIのころとまったく変わっていないことになる。機関銃そのものの性能もたいして向上しておらず、七・九ミリ×二梃ではいかにも心細い。

またI−15の性能ではHe51と大差がないことが伝えられると、ソ連はポリカルポフ・シリーズの性能向上に素早く着手する。出力を五〇馬力アップしたI−15bis（改）、続いて一〇〇〇馬力エンジン付きの複葉戦闘機I−153を登場させた。

イタリア最後の複葉戦闘機CR42、同じくイギリスのグラディエーターが八四〇馬力、零戦二一型が九四〇馬力のエンジンであるから、一〇〇〇馬力のI−153は多分史上最高出力を有する複葉戦闘機である。

総合能力指数でも三〇を超えているのはI−153だけである。これでは、本機の相手となった日本陸軍の新鋭九七戦（七一〇馬力）がノモンハンで苦労したのは当然である。

これに対して経済再建の途上にあったドイツは対応が遅れ、低性能のHe51に長い間頼らざるを得なかった。

その後、政府側にまったく新しい戦闘機が登場し、He51にとどめを刺す。それが一九三七年の暮れからスペインに到着したポリカルポフの単葉引き込み脚のI−16である。

初期型こそ七三〇馬力エンジン、武装は七・六二ミリ機関銃二梃であったが、のちには一〇〇〇馬力、七・六二ミリ四梃となった。全幅九メートルに対して全長六・一メートルとズングリしており、旋回性能は低いもののVmax（最大速度）は五〇〇キロ／時を超えていた。

こうなっては速度三三〇キロ／時のHe51ではまったく歯がたたず、I-153、I-16の数が少なかったから良いものの、性能的にはとても太刀打ちできなかった。Ju52三発輸送機の編隊を掩護しているHe51はI-16が姿を見せると、それ自体が良い標的の役割しか果たせなくなっていた。

ともかく、ポリカルポフ戦闘機隊は鈍速のJu52はもちろん、ドイツの最新鋭爆撃機ドルニエDo17、ハインケルHe111まで撃墜している。

前線からの悲痛な報告に対するドイツ空軍の対応が、WWⅡで独空軍の主役となるべきメッサーシュミットBf109B（一部Bf109E）であった。

He51とBf109の性能差は、現代に当てはめると、F86FセイバーとF4Eファントム程度存在する。

Bf109BはI-16よりも五〇キロ／時も速い。また武装も初期型こそ七・九ミリ×三梃であったが、すぐに二〇ミリ×一梃、七・九ミリ×二梃となった。したがって攻撃力指数は四三から七九へと向上している。それまで無敵を誇ったI-16も、すべての点で格段に性能の優れたBf109が相手となっては打つ手がなかった。

一九三八年に入るとスペイン上空を乱舞する航空機はドイツ製のものばかりとなる。〝コンドル部隊〟と名づけられたドイツ空軍派遣部隊は、十分な支援体制によって共和国政府の空軍を圧倒してしまったのである。

またフランコ軍はイタリア海軍を味方に引き入れ、海岸、港湾の封鎖を行ない、政府軍に対する海外からの物資援助を阻止した。

このころになると政府側の兵力がほぼ底をついたのに対し、フランコ側は一万人のドイツ兵、五万人のイタリア兵の協力を得て勝利を手中におさめる。

そしてスペインは、一年後に迫った第二次大戦のさいには中立を保ったのであった。

スペイン内乱によってソ連、イタリア、ドイツの空軍首脳は航空戦について多くの教訓を得た。とくにドイツ軍は、戦略爆撃の効果の大きいこと、戦闘機には速度性能が重要なこと、編隊空戦の方が単機によるドッグファイトより有利なこと、などを学んだ。

しかし別の面では、Bｆ109シリーズの能力を過信したこと、航続距離の不足を見極められなかったなどの誤りをおかしている。

そしてこの大規模な内戦が終了した半年後、世界を二分する大戦争にBｆ109をもって突入するのである。

さて、空中戦での能力以外に、この戦闘に参加した戦闘機の生産効果指数と設計効果（良否）指数に目を向けてみよう。

くり返すが、前者は自重一トン当たりの総合戦闘力数であり、後者はいかに少ない馬力でどれだけ高い能力を発揮できるか、という数値である。

まず生産効果指数から見ていくと、ソ連戦闘機の値が全般的に大きいということは、量を重視する戦闘機が主流となっていると見るべきである。

またソ連という国家の戦力についての考え方は、「兵器というものは、個々の能力よりも数の力に頼るべきである」としていることが示されている。

次の設計効果指数の項では、ソ連機はエンジン出力が大きい割に、この値（設計良否指数）も大きくなっている。ちょっと矛盾しているようだが、ソ連の設計者たちは、強力なエンジンを装備して、その分能力を高めるのが最良と考えていたのであろう。

大戦初期の日本戦闘機は高出力のエンジンを入手できなかったために、比較的馬力の小さな発動機で、できるだけ高い能力を発揮させようとしていた。

また、Ｂｆ109の全般的な能力について、零戦との差が大きすぎると思う読者も存在すると思う。たしかに速度性能、防御力以外では圧倒的に零戦が優れている、と数値では表わされている。

これは両戦闘機の初飛行の時期が半年違っており（Ａ６Ｍ一九三五年四月、Ｂｆ109三五年九月）、この事実を考えれば零戦の設計がきわめて良かったため当然の結果と考えられる。

空戦能力が同程度であれば、航続距離の差（二四五〇キロ対六七〇キロ）は、そのまま設計の良否となり得る。

アジアの戦乱

ここでは第二次世界大戦への導入部分ともなった、アジアの二つの戦争をとりあげる。

まず最初は一九二七年（昭和二年）以来延々と続いた、泥沼のような日中戦争である。

日本帝国による中国大陸への進出（中国側からみれば明らかに侵略である）は、当然ながら中国軍および民衆の反撃を受け、日本軍は都市とそれを結ぶ〝点と線〟のみを確保したにすぎなかった。

一方、一九三九年（昭和十四年）に日本陸軍が、ノモンハン地区でソ連・モンゴル共和国軍と大規模な軍事衝突を引き起こした。これが日本側が〝ノモンハン事件（事変）〟と呼んでいる戦争である。日中戦争が一〇年近くにわたって続き、戦争の状況としては「小競り合いの連続」であったのに対し、ノモンハン事件はわずか半年間（第一次、第二次を合わせて）続いたにすぎない。

しかし、この戦いにおいて日本陸軍は二万人近い損害を出し、とくに機甲部隊（戦車、装甲車を主体とする部隊）は全兵力の三五パーセントを失うことになる。

この二つの戦争での航空兵力の衝突は、

◯日中戦争

日本陸軍機：対地支援攻撃（戦闘機、爆撃機）

日本海軍機：戦略爆撃（爆撃機）、中国側のソ連製戦闘機との空中戦（戦闘機）

◯ノモンハン事件

日本陸軍機：対地支援攻撃（爆撃機）、ソ連空軍機との激しい空中戦（戦闘機）

日本海軍機：参加せず

という図式になる。

それでは日本という国を、太平洋戦争へ引き入れる原因となった日中戦争から見ていこう。

一九〇四年（明治三十七年）に開戦した日露戦争に辛勝した日本は、その後中国大陸を自国の支配下に置くことを目的に、強引に進出をはかる。一九三〇年代に入り、この目的は中国東北部に造りあげた満州国として一応成功する。

しかし、その他の地域では中国の軍民一体の抵抗が激しく、日本陸軍は三〇個師団（五〇万人）の兵力を投入しながら、確実な成果をあげることができなかった。

もっとも、抵抗する中国側も統一国家ではなく、二～三の政権が独自の戦いを続けていたから、日本軍との力の差は大きかった。

したがって、どちらも戦略的な勝利を達成できずに、戦乱は十数年にわたる。最終的に決着をつけたのは太平洋戦争における日本の敗北であった。

日中戦争の分析は現在も歴史家によって行なわれているが、本章においては、この戦争後期の空中戦に限って言及していこう。

日中戦争

中国との戦争が本格化したのは一九三七年（昭和十二年）の夏からである。軍事衝突は南京、徐州、漢口、広東と拡大するばかりで、日本政府の不拡大方針とはまったく逆の方向をたどった。

中国軍は大規模な野戦を実施せず、個々の部隊に戦闘をまかせる形態をとった。したがって、日本軍は次々と戦術的な勝利を収めはするが戦局はさっぱり好転しないという、ベトナム戦争におけるアメリカ軍のような状態となった。

しかし、中国側との航空戦では、ごく少数の英国製グロスター・グラディエーター、主力となっているソ連製ポリカルポフI－15、I－16に対し、日本側は圧倒的な勝利を得た。

その一例をあげると、この年の十二月、南京上空で十数機の日本海軍機（三菱九六式艦上戦闘機）が、I－15、I－16の混成部隊一〇機を一回の空戦で撃墜している。

このほかにも小さな空戦は数多く行なわれたが、ポリカルポフ・シリーズを操縦する中国人パイロットの技術は低く、また支援部隊の能力も無きに等しかったこともあり、日本側が負けたことはほとんどなかった。

しかし、一九三九年（昭和十四年）十月三日には、漢口の飛行場が中国側の大空襲を受け、損害が一五〇機を超えたこともある。

日本海軍の主力戦闘機である九六艦戦は、陸軍の九七戦とほぼ同じ能力を有していた。性能的には一流といえたが、弱点は航続距離の不足にあった。

当時、日本海軍の九六式陸上攻撃機が台湾の基地から東シナ海を横断して、上海と南京を爆撃していた。これは〝渡洋爆撃〟として日本海軍のもつ航空機の威力を世に知らしめた。

しかし、爆撃機（陸攻または中攻）が中国奥地へ出動するにつれ、敵戦闘機の迎撃が激しくなり、損害が増えはじめる。

にもかかわらず、九六艦戦では航続距離が不足して掩護ができないのである。この戦訓が画期的な零式艦上戦闘機を誕生させる。

その前に九六式艦上戦闘機と、中国側のソ連戦闘機の性能を比較してみよう。

九六艦戦については、出現当時その性能は一流といえた。しかし、対するポリカルポフ戦闘機群も決して二流の航空機というわけではない。

エンジン出力七〇〇、七五〇馬力のI－15、I－15ｂｉｓ（改）が相手なら九六艦戦が有利である。

九六戦のVmax（最大速度）四三三キロ／時はI－153の四三〇キロ／時とまったく等しい。しかし、後半の戦いの主力はI－16（同五二五キロ／時）であるから、空戦の結果は互格となってきた。九六戦とはエンジン出力の差（九六艦戦六八〇馬力、I－16は一〇〇〇馬力）が大きいからである。そして九六艦戦の能力不足を見越して、一九四〇年（昭和十五年）の夏から待望の〝零戦〟の部隊配備が開始された。

現地では空輸されてきた新鋭機を前線にただちに投入することはせず、徹底的な整備を行ない、また乗員の訓練を続けた。

そして同年九月十三日、一三機の零式艦上戦闘機が中国の重慶市上空でデビューする。

日本の航空技術の頂点ともいうべき零戦は、在空する敵の全機（二七機）を一機残さず撃墜し、自軍の損害は被弾機一機のみという信じられない戦果を挙げる。相手はI－15～I－16のポリカルポフ戦闘機である。

I－15～I－16はいずれも一九三三年に初飛行した航空機である。これに対して零戦のそれは六年後であり、その間の技術の進歩は著しかった。

武装は九六艦戦の七・七ミリ×二梃から、零戦では七・七ミリ×二梃プラス二〇ミリ二梃となっている。

したがって攻撃力指数は二八から一〇〇へと約四倍増である。一方、九六艦戦の弱点であった航続力も一二〇〇キロから二四〇〇キロと二倍になっている。速度も二三パーセントも向上しているから、零戦の総合能力は九六戦の四倍近い。

驚くべき事実は、九六艦戦と零戦のエンジン出力の差が小さいことである（六八〇→九四〇馬力、三八パーセント増、二六〇馬力プラス）。

したがって、零戦の空気力学的設計がいかに優れていたかということは一目瞭然である。

このの ち零式艦上戦闘機は、英国圏の辞書に、〝ＺＥＲＯ〟という単語を載せるほどの威力を発揮する。

しかし別の見方をすると、零戦に限らず日本の戦闘機のすべてが、出力の比較的小さいエンジンを装備せざるを得なかった点に注目しなければならない。

I－16より六年後に初飛行した零戦のエンジンは栄《さかえ》一二型九四〇馬力、これに対しソ連は一九三五年にＭ25型七三五馬力、一九三八年にはＭ62型一〇〇〇馬力発動機を実用化している。

このことから日本としては時期的に九六艦戦、九七戦に一〇〇〇馬力級のエンジンを装着しなくてはならなかった。

どうも日本の戦闘機が軽量で、空気力学的な性能が高かったのは、強力なエンジンの開発に手間どっていた反動のような気がする。

その典型的な戦闘機が、

◯陸軍：九七戦→一式戦・隼

◯海軍：九六艦戦→零戦

であった。

そして一九四三年ごろからの空中戦では「頑丈で強力な武装をもち、重い機体をパワーで強引に引っ張る」タイプの戦闘機が主流を占めることになるのである。

ノモンハン事件

ノモンハンという今は日本人には忘れられている地名は、中国西北部とモンゴル国境のほぼ中間にある。この付近は草原のなかに湿地帯、沼地、そして砂漠のような荒野が入りくんでいて、住民はきわめて少ない。夏の気温は摂氏四〇度を超え、冬は逆にマイナス三〇度まで下がる。

一九三九年（昭和十四年）の春から夏にかけ、この地区で日本陸軍および満州国軍と極東ソ連軍（モンゴル共和国軍を含む）の大規模な軍事衝突があった。

紛争の原因といえるものはまったく存在しない。このあたりに明確な国境線など初めからなく、したがってこの戦いが国境紛争であるとの見方は当たらない。

本当の原因は、社会主義（狭義では共産主義）国であるソ連を、機会を見て叩いておこうとした日本陸軍の挑発にあると考えられる。

参加兵力は、日本軍が歩兵を主力として三万五〇〇〇名、ソ連側は約二万名で日本軍よりかなり少ないものの、合計五〇〇輛に達する戦車、装甲車をもっていた。

戦闘がもっとも激しかった七月末から八月中旬にかけて、これらの機甲兵力は、有効な対戦車火器をもたない日本軍歩兵部隊を粉砕する。日本軍の総兵力の半数以上が死傷し、戦車部隊（八九式、九七式中戦車八五輛）は全滅した。

ソ連側の損害は八〇〇〇～一万名といわれている。

この戦闘は交戦期間のわりには激戦で、死傷者二万という数は太平洋戦争における硫黄島の戦いに匹敵する。

結果は客観的に見ても、日本側の大敗であった。原因は装甲車輛、大砲の数、能力の不足、対戦車戦の準備不足、輸送というものに対する認識不足、という日本陸軍のもつすべての弱点がさらけだされたのである。

ノモンハン事件の敗北は、研究すればするほど、旧日本軍のマイナス部分の総決算であることがだれにでも理解できる。しかし陸軍は、この戦いから何ひとつ学びとる努力をしなかった。

本書は戦争の分析が目的ではないが、このノモンハン事件は陸軍の事後処理も含めて、日本が経験した最悪の戦争のひとつと言い得る。

地上戦闘は日本側の敗北に終わったが、航空戦の推移はどうであったのか、まとめてみると次のように分析できる。

第一次：空中戦の形態は、ドッグファイトで九七戦圧倒的に有利。戦果多し。ソ連側もこの事実を認めている。

第二次：ソ連側、I-16を主として投入。また熟練パイロットを参加させ、戦力の増強をはかる。初期の九七戦の有利な点が徐々に削減される。同時に兵力の差が三〜四倍までにソ連側有利となる。日本のパイロットの負担が増し、そのため戦死者が急増する。

さて、第一次、第二次ノモンハン事件における両軍の戦果と損失のバランスシートは、どんな結果となったであろうか。

日本側の戦果は旧陸軍の資料では、第一次六二機、第二次一一九〇機（撃墜、撃破、地上破壊のすべて）となっている。

一方、ソ連・モンゴル側は第一次戦で一二〇機（第二次不明）の日本機を撃墜したとしている。

参加機数は戦闘機に関しては、

	第一次	第二次
日本	約五〇機	一七五機
ソ連・モンゴル	一二〇〜一五〇機	七〇〇〜八〇〇機

となっているから、日本側、ソ連側とも戦果を過大に見ていることがわかる。

とくにソ連のある資料には、第一次の六月二十二日〜二十六日までの五日間に日本機六四機を撃墜とあるが、このとおりだとすると、日本機を全部撃ち落としてしまったことになる。

そして第二次における日本側の戦果一一九〇機という数もやはり大き過ぎると思われる。

一応まとめてみると、ノモンハンの空戦の結果は次のとおりである。

○I－15、I－15bisでは九七戦に太刀打ちできない。I－153、I－16なら対等あるいはそれ以上の戦闘が可能になる。

○格闘戦（ドッグファイト）になれば、九七式戦闘機はすべての敵機に勝る。

○九七戦について速度（とくに急降下速度）の不足、武装の貧弱さが指摘できる。

○操縦性、信頼性の面では日本機が優れている。またI－16の操縦性は危険なまでに低い。

といったところであろうか。

しかし、このような個々の戦闘機の評価より、もっと重要な点に日本陸軍は眼を向けるべきであった。ソ連の戦車、装甲車、大砲の能力が日本のものより数段優れていることが最大の問題点だが、航空戦に関しては左記の点を評価しなければならなかった。

①新鋭機を次々と投入してきたこと。つまりポリカルポフI－15の能力が不足だと判断すると、すぐにI－153、I－16を参加させた。

②兵力に余裕があり、常に日本側の二〜三倍の戦力を有していたこと。

③一撃離脱の戦法が、格闘戦と同じ程度に有効であること。

④②とも関連するが、最前線に出動するパイロットを一定の期間で交代させ、人的消耗を抑えるとともに、士気の高揚をはかっていること。

日本陸軍は同じパイロットを休戦まで連続して勤務させ、多くの有能な人々を失った。また金銭には変えられぬ貴重な戦訓を、なにひとつ学び取ろうとしなかった。

このようにして、日本軍はノモンハン事件の時とまったく同じ体制のまま、第二次世界大戦に突入し、敗れるべくして敗れるのである。

ソ連・フィンランド戦争

小国フィンランドは、一九一八年のソ連の内戦終了と同時に独立をめざし、一九二〇年それを達成した。しかし、ソ連は革命戦争の影響がおさまるにしたがって、再びフィンランドに手を延ばす。

一九三五年ごろからソ連（当時の人口は一・五億人）は、総人口三五〇万人のフィンランドに次々と、誰が見ても首を傾げるような要求を突きつけはじめた。

これらは港湾のソ連への貸与、国境線をフィンランド側へ三〇キロほど下げろ、国境に近いソ連の大都市レニングラードの安全保証、最後にはフィンランド国内にソ連の軍事基地を用意せよ、などという法外なものであった。

ソ連としては、当時激しかったソ連共産党内の勢力争いに対する国民の関心を外部に向けたい、という意図があったと考えられる。

これらの要求をフィンランド政府が拒否すると、ソ連は四〇万の兵力、一〇〇〇機に近い航空機をもって隣国への侵入を開始する。これが一九三九年十一月三十日の早朝の出来事で、第一次ソ連・フィンランド戦争である。

現地はすでに深い雪に覆われていた。このため戦争は〃冬の戦い〃あるいは〃冬戦争〃とも呼ばれ、一九四〇年三月十二日に休戦になるまで三ヵ月半続く。

第二次ソ連・フィンランド戦争は第二次大戦中の一九四一年六月二十五日から開始される。これはナチス・ドイツのソ連進攻に呼応するもので、独・ソ戦の三日後、一年三ヵ月の期間をおいてソ連・フィンランドは再び戦火を交えるのである。こちらの方は〃継続戦争〃と呼ばれている。

ここでは世界最大の国家と人口三五〇〇万の小国家の二度の対決を、航空戦を中心に調べてみよう。なおフィンランドにもっとも近いソ連の大都市レニングラードの当時の人口は三五〇万人であった。

◯第一次ソ連・フィンランド戦争（一九三九年十一月～四〇年三月）
世界地図を広げればすぐわかるとおり、フィンランドはもっとも北に位置する国のひとつである。一年の三分の一はきわめて寒い季節で、真夏でも気温が摂氏二〇度を超す日は多くない。国土のほとんどは森林で、五万を超える湖と三万を超える島々が美しい風景を生みだしており、地形は非常に複雑である。

一九三九年の時点で、フィンランド軍は兵力一〇万、航空機約一〇〇機、戦闘機は約五〇機であり、そのうちの七五パーセントがオランダ製のフォッカーD21である。このほかは複葉のブルドッグ、グラディエーター機で、旧式なものであった。

一方、ソ連空軍の主力はスペイン、ノモンハンですでにお馴染みとなったポリカルポフ・シリーズ（I－15〜I－16）である。

航空機の総数は九〇〇機であるから、そのうちの戦闘機の数は四〇〇〜五〇〇機で、フィンランド空軍は初めから一〇倍の敵と相対することになった。

陸上兵力もフィンランド軍の数倍で、ソ連としては一〜二週間でこの小国を占領できると考えていたようだが、結果はまったく異なっていた。大国ソ連にとっては片手間？　の戦争であったが、フィンランドにとっては二〇年前にせっかく勝ちとった独立を失うかどうかの瀬戸際である。

国民一体となっての抵抗はきわめて強力であり、時期的に合致した大寒波を味方につけ、侵入軍に大打撃を与えた。

その主役になったのはわずか四〇機のD21戦闘機である。日本陸軍の九七式戦闘機によく似たD21は、軽量の機体に信頼性の高いエンジンを備え、十分に訓練をつんだパイロットによって使用された。

フォッカーD21はグラディエーター複葉戦闘機と同じ出力のエンジンを装備しているが、

空力的に洗練されているためVmax（最大速度）は五〇キロ／時以上速い。I－15、I－15bisはもとより、一〇〇〇馬力エンジンを積んだI－153よりも高速である。

さすがに単葉、引込脚のI－16には劣るが、設計が新しいだけ日本の九六艦戦、九七戦よりも多少優れた戦闘機であった、と思われる。とくに武装は、日本機の七・七ミリ×二梃に対して七・九六ミリ×四梃と二倍になっている。

グラディエーターを除くと、他の戦闘機の数値は信じられぬほど接近している。しかし「冬の戦い」の空中戦で、圧倒的勝利をおさめたのは間違いなくD21であった。

空中戦闘においてソ連側は約二八〇機を失ったのに対し、フィンランド軍の損失は四二機である。

損失の総数はソ連七九〇機、フィンランド一三六機で、六倍以上の大きな差である。当然のことだが、戦闘中に補充が行なわれるので、航空機の数は開戦時の数とは合致しない。これはすべての戦争について同様である。

この「冬戦争」でソ連空軍が大敗した原因はどこにあったのであろうか。それらは、

①零下数十度という寒さに関する両軍の準備、用意の能力の差。
②パイロットの練度の差（ソ連は軍部内の混乱が激しい時期である）。
③航空機の信頼性の差。
④地形的にフィンランド軍が有利であったこと（凍った湖沼はすべて滑走路となった）。
⑤戦う目的に対する認識の差（これが一番大きな原因であろうか）。

などである。

長い空中戦の歴史のなかで、ほぼ同じ性能の戦闘機同士が交戦し、これだけ戦果、損失の差が生じた例は珍しい。

また主役となったD21は、第一次大戦時における戦闘機の名門フォッカー社が造りだした、実質的には最後の戦闘機である。そしてD21はこの戦争だけで大活躍する、という非常に例外的な戦闘機となっている。

第二次ソ連・フィンランド戦では、これまた珍しいアメリカ製のブリュースターF2Aバッファロー戦闘機が、D21に代わって主役を務めるのである。

さて戦況に戻ろう。開戦二ヵ月でソ連側の航空機は二〇〇〇機までに増強された。三ヵ月半続いた激戦は、フィンランドの国をあげての抵抗にもかかわらず結局数の力には勝てず、徐々に押されはじめ停戦を迎える。

そしてソ連はカレリア地方を手中に収めた。しかし、その代償として五万人という多数の戦死者、その三倍の負傷者を出している。フィンランド軍の損害はソ連の三分の一程度とみられる。

この戦争に関する限り、ソ連のやり方は「大国のエゴイズム」そのものであった。またイギリス、フランス、アメリカはドイツの出方に注目していたため、結局フィンランド支援のための有力な手を打つことができなかった。

しかし、小国フィンランドの〝冬の戦い〟における戦いぶりは、「国防と軍備の必要性」

というもののあり方を我々に考えさせる好例であろう。

◎第二次ソ連・フィンランド戦争（一九四一年六月〜四四年九月）

第一次戦が終わり、フィンランドは国土の一部をソ連に割譲せざるを得なかった。このことは同国国民に深い傷跡を残した。これが原因で一九四一年六月、ドイツがソ連に侵攻すると、フィンランドはドイツ側につく。

第一次戦が終わったあと、近い将来、再び対ソ戦争が勃発する可能性を考え、フィンランドは世界各国から入手できる戦闘機を購入していた。

●フランスからモラン・ソルニエ406三〇機
●イタリアからフィアットG50三五機
●アメリカからF2Aバッファロー四四機
●ドイツからアメリカ製カーチス・ホーク75Aを貸与（フランス戦で捕獲したもの）三〇機
●イギリスからハリケーン1型一二機
●ドイツからメッサーシュミットBf109一六〇機

他に旧式戦闘機グラディエーターなどといった混成である。手に入らなかった戦闘機はまさに日本機のみ、という状態であった。

もちろん第一次戦に活躍したフォッカーD21はまだ現役であった。

これらの寄せ集めの戦闘機を使って、初期にはポリカルポフI‐16を、後半にはLaGG、

MiG、Yak系を使用するソ連空軍と対決したのである。戦況は当然ながらドイツ軍の戦況と一致する。前半にはフィンランド軍優勢、均衡、そして後半には劣勢というわけである。

この戦争における空中戦はかなり激しく、フィンランド側には多数のエースパイロットを生み出した。彼らのうちの何人かは、数十機のソ連機を撃墜している。

ここで冷たい北極からの寒風を突いて、空戦に参加した戦闘機を見ていくことにしよう。

フィンランド軍の最優秀機は、太平洋戦域ではさっぱり冴えなかったブリュースターF2Aバッファローである。海軍用の戦闘機として誕生しながら、結局米海軍では少数が使われたにすぎない。太平洋戦争初期に蘭印方面に現われ、その太く短い胴体から〝ビヤ樽〟と呼ばれた。

零戦二一型との交戦では、ほとんど得るところなく敗れている。日本軍は、数機のバッファローを無傷のまま捕獲し、徹底的なテストを行なった。その報告は「頑丈で急降下速度が大きい点だけが取柄」と記録されている。

しかし、北欧のパイロットからは「これまでに使用した最良の戦闘機」と評価された。実際に本機はI－15、I－16どころか、ソ連の新鋭LaGG－3やMiG－3などに対しても勝利をおさめている。一部にはメッサーシュミットBf109よりも本機を好んだパイロットもいたという。

たしかにF2Aバッファローはこれといった特徴がないかわりに、全体として非常にバランスのとれた性能をもっている。それに加えて〝頑丈〟という利点は、フィンランド空軍にとって数字に表わせないプラスの面を持っていた。

北欧における空戦を調べてみるとバッファローは、ドッグファイトよりも、急降下してきて一撃を加える、といった使われ方をしている。急降下速度が大であることは、日本の調査でもはっきりと謳われているので、やはり一撃離脱戦法がF2Aにマッチしていたのであろう。

もうひとつの長所は航続距離の長いことである。ヨーロッパの戦闘機に共通する点として、航続距離が短い(平均七五〇キロ程度)ことが挙げられるが、元来海軍機として設計されたバッファローは一五〇〇キロを超すレンジを有する。もちろん零戦二一型の二四五〇キロにはとても及ばないが、それでも異例の長さではある。これがバッファローを活躍させたふたつ目の要因であろう。

さすがに戦争の後期はBf109Gが主力となったが、極東では冴えなかった「アメリカ産の野牛」は、北欧の空では存分に暴れまわったのである。

他の戦闘機、ホーカー・ハリケーンMk1、カーチス・ホーク75、モラン・ソルニエ406などは数も少なく、また性能的にも二流であり、対爆撃機、対地攻撃に使用された。

このうちハリケーンはMk1で、もはや英軍が使っていない旧式なタイプである。かえってソ連軍は対ソ援助物品として送られてきたハリケーンMk2をこの戦場に投入している。ともかく、フィンランド空軍は十数機のハリケーンしか持っていなかったが、ソ連は英国から実に二九五〇機を受け取っていたのである。

さて、これまで述べてきた戦闘機以外に、フィンランドはソ連製エンジンを付けたモラン・ソルニエ406型機、また国産のミルスキ（嵐）などの戦闘機を生産した。しかしいずれも少数であり、また出現の時期が遅れ、大した活躍もせずに終わったので省いてある。

ところで東部戦線（ドイツ対ソ連）の戦況は、一九四三年初夏のクルスク戦を境にドイツ側に不利となる。一方、いかにバッファローやBf109が善戦しようとも、近代戦は結局のところ〝量の戦い〟である。同年秋からソ連軍の反撃が開始され、その余波は北欧の戦線にも及んだ。

フィンランドはこれに耐えきれず、翌年九月、ソ連と二度目の休戦に入る。そしてソ連はドイツ側についたフィンランドから、多額の賠償金を取りあげた。またソ連と休戦したフィンランドは、それまでの友邦であるドイツの駐留軍と戦闘を交えた。これはイタリアの場合と同様である。

さて第二次ソ連・フィンランド戦争での航空戦の決算はどうであったのか。

戦闘の期間は三年三ヵ月、この間に撃墜破したソ連機は一二〇〇～一五〇〇機、一方フィンランド軍の損害はその五分の一程度であろう。

人口三五〇万人のフィンランドは、おのおのの戦闘には勝ちながら、戦争には敗れたのである。

第3章　鉄の鳥の死闘

第二次世界大戦

本章から第二次世界大戦における、空中戦闘の評価と分析に入る。当然アジア、ヨーロッパ、インド、アフリカなど世界の各戦域に言及しなければならないので、次の項目に分類することにした。

◯アジア戦域（太平洋戦争）
一九四一年十二月～四五年八月
①太平洋戦争の前期／一九四三年六月ごろまで
②太平洋戦争の中期／一九四三年～四四年
③太平洋戦争の後期／一九四四年秋以降

◯ヨーロッパ戦域
①ポーランド、フランスの戦闘
②英国の戦い（Battle of Britain）
③北アフリカ・地中海、ギリシャをめぐる戦闘
④ヨーロッパ航空戦　前期

る。

⑤東部戦線（ドイツ対ソ連）の戦闘

⑥ヨーロッパ航空戦　後期

一応この九つの項で、各戦闘機の性能を実際の〝エア・コンバット〟の記録から追ってみる。

次に章を改め、別の二つの項目について技術的な評価を試みたい。

それらは、

①各国の双発戦闘機の性能評価

②各国の最後のレシプロ・エンジン機の評価

である。

前記二項について簡単に説明する。まず①の双発戦闘機の性能評価の項では、大戦の中頃から終わりまで大活躍したロッキードP－38ライトニングから、崩れかかるドイツ防空陣に強力なリリーフとして登場したハインケルHe219ウーフーまでをとりあげて分析する。

②項では欧米、日本が総力をあげて設計、製作にとり組んだ〝最後のプロペラ戦闘機〟（F8F、P－51H、MB5、シーフュリー、そしてA7烈風）に言及する。なぜなら、もはや歴史のなかでプロペラ戦闘機という高度な技術品は、二度と生まれる可能性がなくなっているからである。

さて、これらの検討を踏まえたうえで、まったく別な一章を設けて「第二次大戦における最優秀戦闘機は？」という命題にとりかかろう。

航空機ファンなら誰でも強い興味を抱く問いについて、徹底的な分析を行ない、我々なりの解答を打ち出したい。候補機・選択条件などの詳細は後述する。

第３章のまえおきが長くなりすぎた。いよいよ第二次世界大戦の戦闘機の分析と評価に入る。

まず登場するのは、波高まりつつある太平洋上の空母から次々と発進する日本海軍機と、マレーを襲おうとエンジンをふかしはじめた陸軍戦闘隊である。

太平洋戦争前期（一九四三年中頃まで）

一九四一年（昭和十六年）十二月、太平洋において日本が米、英、オランダ、オーストラリアと開戦したとき、この地域に存在した主要な戦闘機は米英二ヵ国のものである。

面白いことに、海軍の戦闘機のほとんどは敵・味方一機種のみで、日本海軍の零戦対米海軍のＦ４Ｆワイルドキャットの対戦であった。この取り合わせは丸一年半変わらない。一方、陸軍は互いに三機種である。連合軍側には英・豪軍（一部にニュージーランドを含む）の少数のハリケーンＭｋ１、２、スピットファイアＭｋ２の英国戦闘機が存在する。

またリストに加えるべきこれ以外の戦闘機を探すとすれば、カーチスＰ－36、Ｐ－39、Ｐ－40およびブリュースターＦ２Ａバッファローであろう。

それでは日本陸軍の戦闘機から見ていくことにしよう。

一九四一年の十二月、太平洋戦争がはじまったとき、海軍戦闘機隊は五一五機（予備機を含まず）を有していた。このうち零戦は三二二機（六二・五パーセント）である。

一方、陸軍の戦闘機隊は二四〇機（同）の戦闘機をもっていたが、なんとその八〇パーセントは固定脚の九七戦であり、新鋭の一式戦隼は五〇機に満たなかった。

これだけをみても、日本陸軍が海軍と比べて〝遅れていた〟ことがわかる。隼自体が零戦よりも性能がかなり下まわる戦闘機であるのに、この数の差はどうしたことであろうか。

陸軍航空隊の戦闘機中隊は日本国内二個、満州（中国東北部）八個、中国二個、東南アジア（ハノイ、プノンペン）八個の配置であった。原則として一個中隊は一二機編成だから、どの方面の戦闘機兵力も微々たるものである。

海軍がハワイ攻撃の際に要した六隻の空母の戦闘機は約一〇〇機（予備機を含まず）であるから、その力は陸軍に換算すれば全戦闘機隊の四〇パーセントを集中したことになる。

元来、陸軍は対ソ連戦争を目的としていたこともあって、海洋作戦には不向きといえた。

それでは遅ればせながら、主力となった一式戦隼から分析していこう。

各型合わせて五七〇〇機を超え、大戦中の陸軍の主力戦闘機であり続けた一式戦の能力は、どの程度のものであったのか。

まずエンジン出力は零戦二一型と比較して二〇パーセント多い（一一三〇馬力対九四〇馬力）。自重は一九八〇キロ対一六八〇キロであるから、馬力荷重指数は一〇二対一〇〇でまったく等しい。

寸法も形も零戦と隼はよく似ており、アメリカの航空雑誌などがたびたびとり違えている。

しかし客観的にみると、能力的に両者の優劣は信じられぬほど大きい。零戦と比較した場合、隼の短所は明確に二つ表われる。

まず一つは武装の点で、隼の各型は、

型式	武装	指数
1型（甲）	七・七ミリ×二梃	二八
1型（乙）	七・七ミリ、一二・七ミリ×各一梃	三七
1型（丙）	一二・七ミリ×二梃	四六

という装備となる。

メッサーシュミットBf109Gのように、対爆撃機用として武装を強化し、その重量のために性能低下を招いた例もあるにはある。しかし隼の武装をみると、これが一九四〇年代の戦闘機か、と疑いたくなるほど貧弱である。

この戦闘機の場合、主翼の主桁が三本から構成されている点が問題で、主翼の内側に機関銃・砲が装着できない。

戦闘機は敵の戦闘機を撃墜することだけでなく、爆撃機を撃ち落としたり、地上の目標を攻撃するという目的にも使用されるという実態を、日本陸軍は忘れていたのであろうか。

七・七ミリ×二梃という武装は、第一次大戦の戦闘機のそれと、まったく同じである。また自衛隊が使用している七四式小銃（七・六二ミリ）と口径的には大差がない。この〝豆鉄砲〟二梃でB－17、B－24級の重爆撃機を落とすことなど至難の業といえよう。

同じ七・七ミリ機関銃でもホーカー・ハリケーン1のように八梃、また2B（A翼）のように一二梃という多銃装備とすれば、その威力は十分である。

しかしたった二梃では、陸軍の他の装備品（たとえば米軍の軽戦車より明らかに能力の劣る中戦車、中型爆撃機なみの性能しか持たない重爆など）と同様に、〝貧弱〟の一言に尽きようというものである。

日本陸軍は一九三九年（昭和十四年）のノモンハン事件の際、九七式戦闘機の火力不足のため、ソ連製ツポレフSB中型爆撃機の撃墜に困難を感じたはずである。

それから二年半たって、新しく配備される主力戦闘機の武装がこの有り様では、近代的な軍隊とは呼び得なかったのではないだろうか。

次に航続距離の点である。これまた零戦と隼を比較してみると、

	正規	標準	最大
一式戦	不明	一一〇〇	一七六〇
零戦	一八七五	二四五〇	三一一〇

となり、データは完全ではないが、零戦は隼の二倍近く飛べることがわかる。

航続距離が長いということは、哨戒飛行（現在の戦闘空中パトロール、CAP）に使用した場合、滞空時間の延長というメリットとして表れわる。

隼は武装、航続距離の不足の代償として何を得たのか。これに対する納得できるだけの答

えはなく、他の性能は零戦と同等、あるいは多少零戦有利という結果であった。

筆者の私見として、陸軍が隼の代わりに零戦を早くから主力戦闘機として採用していたら、この戦争における陸軍機の活躍ぶりは二〜三倍に飛躍していたであろう、と考える。ともかく一式戦のどの部分をみても、零戦を上まわっている指数をひとつとして見出せないのである。

さて、零戦、隼が交戦した連合軍機に目を移そう。グラマンF4Fワイルドキャットは、一三五〇馬力のエンジンを装備していながら、ほとんどの点で零戦に劣る。この信頼性、生産性が高い海軍機は、全長、全幅とも零戦よりも小さいのに五〇パーセントも重いのである。したがってドッグファイトとなったら当然、零戦が強い。米陸軍機も同様で馬力荷重、翼面荷重とも零戦よりずっと大きいから、旋回性は低い。

このいずれもが大戦初期、果敢に格闘戦を挑んでは零戦の好餌となった。しかしこれらの戦闘機のパイロットは、戦友の犠牲によって、急降下攻撃（Hit and Run　一撃してすぐに退避する。一撃離脱ともいう）が有効であることを徐々に学んでいく。

これは速度攻撃力（火力と速力の積）を見れば明らかで、P－38ライトニング、P－39エアラコブラ、P－40トマホークのすべてが指数一〇〇を超えていて、零戦、隼（四五）より優秀である。

開戦後六ヵ月まで零戦の優位は明らかであったが、それもこの戦法により少しずつ失われていく。

一九四二年（昭和十七年）春より陸軍に二式戦闘機鍾馗（キ四四）が登場する。一四五〇馬力のエンジンを備え、自重二トン、寸法はグラマンF4Fよりまだ小さい。武装は七・七ミリ、一二・七ミリ各二梃と一応強化されている。

この鍾馗は高速を保障する高翼面馬力（九二・四馬力／平方メートル、隼は五一・四、実に八〇パーセント増）の戦闘機であった。実際、隼より一〇〇キロ／時近く速い。

本機に弾道性の良い一二・七ミリ機銃四梃を装備すれば、素晴らしい戦闘機に成長したと思われる。着陸速度が速く、事故が多かったといわれ、生産も一二〇〇機で終わったが、少々着陸が難しいといっても、大波に揺れる空母への着艦と比べたら容易なはずである。どうも日本陸軍には、異常に強い精神主義の反面、〝新技術への恐怖〟が常につきまとっていたようだ。

また陸軍の戦闘機隊は、戦争中期まで本格的な大空中戦を経験せずに済んでいる。この理由は、有力な敵航空兵力が存在しなかったこともあるが、他に、

○全般的に航続距離が不足していたこと

○戦闘機が海上作戦に慣れていなかったこと（これは日本側にとって形に現われない損失であった）

があげられる。

陸軍機が真の空戦を体験するのは、一九四三年（昭和十八年）三月のニューギニア戦以後である。

さて太平洋戦争の初期、ポートモレスビー周辺の空域で零戦二一型と対決した英空軍のエース、スピットファイアの実力を分析しよう。零戦とスピットファイアが空戦を行なった回数は一〇回程度で、そのなかでも比較的規模の大きなものは二回である。両者ともに中隊規模の兵力（一二〜二〇機）同士の戦いであった。結果は日本側の勝利となっている。

時期的には一九四二年の六〜七月（ガダルカナル戦開始の直前）であるから、日本のパイロットの技術は頂点に達していた。海軍の高名なエースの一人である坂井三郎の空戦記からも、零戦の勝利は確実である。

英国側も日本の勝利を認めてはいるが、スピットファイアの操縦士たちが零戦を甘く見て、油断していたことが敗北の理由と考えているようだ。

零戦とスピットファイアの能力の比較はかなり困難となる。なぜなら零戦と比べた場合、同機はドッグファイト（格闘戦）よりスピード重視の戦闘機のように見える。

しかしスピットファイアが零戦と相対するまでに戦った相手は、完全な一撃離脱戦法を身上とするメッサーシュミットＢｆ109のみであった。したがってスピットファイアはＢｆ109を破るために、ドッグファイトに引き込んで有利な戦いを進めてきたのである。

この事実によりスピットファイアが零戦と初めて戦うときには（零戦の能力が不明であるから）、格闘戦法を採用すると思われる。こうなれば零戦の力は十分に発揮され、それが勝利の要因となったと筆者は考える。

スピットファイアと零戦を比較したとき結論として、航続距離の差が著しく大きい分だけ後者が優れている、との評価が公平であろう。

しかし二種の戦闘機の性能向上の結果を見ると（速度以降は指数）、

	出力	速度	武装	総合
零戦二一	九四〇馬力	一〇〇	一〇〇	一〇〇
零戦五二	一一三〇馬力	一〇六	一一〇	九〇
スピット2	一二八〇馬力	一一三	一二八	五九
スピット9	一八一〇馬力	一三四	一四四	九九

となる。

ご覧のとおり、向上の割合はスピットファイアの方がずっと大きい。これは機体の基本設計にさいして、スピットファイアがより大きな余裕をもっていた証明でもある。

この点からも第二次世界大戦前半の傑作機を、零戦とスピットファイアにすることにクレームをつける航空ファンは少ないと思われる。

それにしても零戦二一型は素晴らしい戦闘機である。すでに本章でも何回となく述べてきたが、出力が一〇〇〇馬力に満たないエンジンで、これほどの性能を発揮できたとは信じられない。

もし日本海軍に余裕があったなら、航続性能を半分にして、同じ設計チームによる零戦の〝重戦闘機タイプ〟を試作させてみたかった。寸法をひとまわり小さくし、機体の強度を増す。重量がかさむ二〇ミリ砲の代わりに初速の速い一二・七ミリ（米軍のブローニングＭ２のような）を四梃を装備する。コクピットと燃料タンクに軽度の防弾処置をほどこし、軽く性能の良い無線装置を搭載する。

これが実現すれば世界最強の戦闘機となり得たであろう。すでにこの世を去った主任設計者である堀越二郎氏にこの案を、もはや不可能と知りながら尋ねてみたい気がする。

太平洋戦争中期（一九四三～四四年）

太平洋戦争中期の空中戦を取りあげる。

この時期、太平洋をめぐる空の戦いは、ソロモン（日本海軍機対米陸海軍機）、ニューギニア（日本陸軍機対米陸海軍機）方面で行なわれた。

ソロモン、とくに日本軍の巨大基地であったラバウル周辺では、敵味方数百機が入り乱れる大空中戦が連日のように続いていた。この戦いの主力は零戦二一、三二型である。

陸軍戦闘機隊については昭和十七年の夏から秋にかけて大きな戦闘はなく、十八年に入ると一気に激戦に突入する。主力は相変わらず隼１型、２型であるが、同年四月初めから液冷エンジン装備の新鋭三式戦飛燕１型キ六一が実戦部隊配備となる。

開戦後一年半の歳月が流れ、日米両軍に新しい戦闘機が少しずつ姿を現わした。

日本陸軍　　キ六一飛燕１型　　一九四三年四月

米海軍　　Ｆ４Ｕコルセア　　一九四三年二月
　　　　　Ｆ６Ｆヘルキャット　一九四三年九月

とくに開戦以来、能力的に零戦に劣るグラマンＦ４Ｆワイルドキャットで戦い続けてきた米海軍戦闘機隊は、強力な新型機二種を入手した。

Ｆ６ＦをＦ４Ｆと比較すると、武装威力五〇パーセント増（一二・七ミリ×四梃→六梃）、エンジン出力六〇パーセント増（一三五〇馬力→二一〇〇馬力）の全く新しい戦闘機であった。一方、日本海軍の零戦は二一型→三二型→五二型と小改造にすぎない。

エンジン出力は五二型の一一五〇馬力に対して、グラマンＦ６Ｆは二一〇〇馬力であるから、この差は圧倒的に大きい。馬力荷重こそ零戦が有利だが、パワーの絶対数が違うのである。日本陸軍の新戦闘機キ六一の出力は一一七五馬力（1型）であり、2型に進歩しても一四五〇馬力と小さい。

またヘルキャットより半年近く早くデビューしたチャンスボートＦ４Ｕコルセアも、二〇〇〇馬力の発動機を装備していた。アメリカの技術陣は、日本側より確実に一年早く二〇〇〇馬力級エンジンを実用化していたのである。

コルセア、ヘルキャットとも自重は零戦の二倍もあり（ともに四トンを超える）、それほどすぐれた戦闘機とは思えない。最高速度も一九三九年（昭和十四年）三月に初飛行した零戦より一〇〇キロ／時も速くなっていない。

しかし米海軍機の伝統にしたがって、共に信頼性が高く、頑丈な戦闘機であった。

運動性能が平凡である、という代償として、〝タフ〟という日本軍機にはない長所をもっている。そのうえ戦闘爆撃機として用いれば、日本の軽爆撃機以上の爆弾搭載能力を有する。また航続力も英、独の戦闘機を大きく凌ぎ、零戦に迫ってきている。とくにコルセアは大型落下タンクを装備すれば、零戦並みの足の長さを誇るまでになっていた。

これらのヘルキャット、コルセアは昭和十八年末から、ソロモン、ミクロネシアの島々にある日本軍基地への攻撃を開始する。

その圧倒的な航空力の集中は、ニューブリテン島のラバウル基地に対して行なわれた。十月からはじまった攻撃によって、大要塞ラバウルは連日一〇〇～二〇〇機の大空襲を受け、一時は一五〇機近くあった戦闘機も、昭和十九年二月末までの間に完全に消耗してしまう有り様であった。このラバウル航空戦の開始直後は、米海軍機二〇〇機の来襲に対し、日本側も八〇機の戦闘機で迎撃（十月二十二日）、同じく九四機（十二月十九日）、九九機（同二十三日）、七四機（一月七日）、七九機（一月十七日）と大兵力で迎え撃つ。

時によってラバウル上空では一日に四〇〇機以上の〝猛禽類〟が死闘をくりひろげた。米軍側の記録でも、一日の空戦でＦ４Ｆ、Ｆ６Ｆ、Ｆ４Ｕ合計三二機を失うといった大損害も生じている。

にもかかわらず米軍機の数は増加する一方で、逆に日本海軍機は減少の一途をたどった。補給がまったくないと仮定すると、一〇〇機の戦闘機も一日の空戦のたびに一〇機の被撃墜、損傷を受ければ、一〇日で全滅という当たり前の計算となる。

「ラバウル航空隊」と歌にまで歌われたこの基地の零戦隊も、このような消耗に耐えきれず、ついに昭和十九年二月二十日、全機がラバウル基地を去っていった。

一方、ニューギニア戦線の日本陸軍機の苦闘は、十八年八月の敵の奇襲攻撃ではじまる。八月中旬の一撃で、日本軍はこの戦区の航空兵力の半数を失った。

以後三式戦を主力として反撃に移るが、日本側の兵力は常に一〇〇機以下（平均七〇機程度）であるのに対し、米軍は陸軍機だけで一五〇〇機を超えていた。これに加えて空母機がヒットエンドラン攻撃を実施するのである。

米陸軍の戦闘機隊には、まだ最新鋭のノースアメリカンP－51マスタングが登場しておらず、相変わらずP－40、P－38が主力であった。したがって三式戦飛燕は、性能的にはこれらの米軍機より多少有利といえた。

飛燕の活躍の記録としては、同年の春から飛行第六十八、七十八戦隊がニューギニアに到着し、迎撃戦、侵攻作戦に1型を使用して行動を開始している。とくに四月に行なわれたマーカムの敵飛行場攻撃行では片翼に増加燃料タンクを、反対の翼に二五〇キロ爆弾をかかえ、戦闘爆撃機として出撃している。

この戦線に現われた1型は、ドイツ製二〇ミリ・マウザー砲を装備していたので、爆弾投下後も対地攻撃に大きな効果を発揮したはずである。しかしエンジン出力が一一七五馬力では、隼の一一三〇馬力（2型）と比較して大差はない。

三式戦の2型はハ－一四〇発動機（一四五〇馬力）を装備する予定であったが、結局このエンジンは間に合わず、機体のみが次々と完成した。これらの機体が空冷エンジン（ハ－一一二）付きの飛燕（五式戦）へと発展する。

三式戦をそれまでの陸軍戦闘機と比べると、技術的、性能的な進歩は著しい。とくに三式戦の武装（一二・七ミリ、二〇ミリ各二梃）は、隼の一二・七ミリ二梃と比較すれば大幅な増強である。三式戦は速度も五六〇キロ／時と速く、したがって速度攻撃力指数も一二九と優秀である。

この機数が多ければ十分戦果も期待できたであろうが、前述のごとく機数の差は一対一五（そのうえ主力は相変わらず隼であった）ではどうしようもなかった。

これに加えて液冷発動機ハ－四〇、ハ－一四〇の信頼性、整備性がよくなかったので、稼動率も高いとはいえなかったのである。このため陸軍戦闘機に初めて装備された二〇ミリ機関砲も、威力を十分に発揮せぬままに終わった。

この時期、二式戦、三式戦、四式戦と陸軍戦闘機の性能向上は著しいものがあった。それにもかかわらず、陸軍機は海軍戦闘機隊ほど華々しい戦いを演じ得ず、初戦から押され気味でいつの間にか消滅してしまっている。

この原因は一体どこに求めるべきであろうか。

ソロモン戦域における海軍戦闘機隊は、いちおう対等に戦いながら、数の差に破れたといえる。

しかし陸軍の場合、日本本土から大海原を越えて赤道直下の戦場までの道程が険しく、戦線に到着する機数が少なかった。

また陸軍は昭和十七年夏から一年間、海軍と違ってほとんど戦闘らしい戦闘をせずにすごしてきた。この間の気の緩みが、十八年秋の初戦時に大損害を受ける遠因になった、とは言えないだろうか。

戦争中期、戦局の急激な変化の要因は、圧倒的な兵力差である。それ以外には数々思い浮かぶが、日本戦闘機の能力に関しては――不足ではあったが――敗因となるほど低くはなかった、と考えるべきであろう。

日本軍（とくに陸軍）は情報収集、後方支援の面でも大きく立ち遅れていたのである。

太平洋戦争後期（一九四四年秋以降）

昭和十九年、日本海軍が二つの大海戦（マリアナ、フィリピン沖海戦）に敗れたことにより、太平洋の戦いは実質的に結着がついてしまった。

陸軍はいまだ多くの兵力を有していたが、それは兵員の数だけで、近代装備を欠いていたからである。そのうえ優秀な部隊のほとんどは南太平洋の島々に送られる途中、主としてアメリカ潜水艦により海没してしまっていた。

この年の六月十五日、米空軍（正確には陸軍航空隊）は日本本土への直接攻撃を開始する。まず中国から、九州北部の工業地帯へボーイングB－29大型爆撃機の攻撃がはじまる。のちにマリアナのサイパン、テニアン、グアムの飛行場が整備され、ここからもＢ－29は出撃できるようになった。

しかし中国本土、マリアナ基地のどちらからも日本は二〇〇〇～二五〇〇キロ離れていて、米空軍戦闘機はＢ－29の掩護をできなかった。したがって大編隊で日本を襲う超大型爆撃機は、時によっては迎撃してくる日本軍戦闘機により大損害を被る。

また戦略爆撃は都市や工場地帯を破壊することはできても、分散して飛行場におかれた航空機を攻撃するのは不可能にちかい。このため、どうしても日本各地の飛行場を、戦闘機で攻撃する必要が生じていた。

これには二つの手段があり、ひとつは空母機動部隊によるもの、他のひとつは戦闘機の行動半径内にある島を占領し、そこから戦闘機を出撃させることであった。

一九四五年（昭和二十年）に入ると、アメリカ軍はその手段を実行に移す。

まず航空母艦九隻を基幹とする機動部隊を三グループ編成し、それが順次日本本土を攻撃する。一隻平均二個スコードロン（予備機を含め四八機）の戦闘機をもつから、一空母グループあたり約四五〇機である。

艦上戦闘機については、すでに旧式となったグラマンＦ４Ｆワイルドキャットはごく少数のみ、Ｆ６ＦヘルキャットとチャンスボートＦ４Ｕコルセアが主力である。

一方陸軍は、対地攻撃と爆撃機護衛を目的として、最新鋭のノースアメリカンＰ－51マスタングを極東に送り込む。

発進基地は、一九四五年（昭和二十年）二月に占領した小笠原諸島の硫黄島である。東京から一二〇〇キロも離れているが、落下タンクを装備したマスタングなら、なんとか往復可能な距離であった。

こうしてアメリカ軍は、日本本土攻撃のための戦闘機トリオ、

海軍　F6F、F4U

陸軍　P－51

をようやく揃えた。

これに対して日本軍の戦闘機も、性能的には充実したものが出そろった。

陸軍　三式戦飛燕2型
　　　四式戦疾風
　　　五式戦

海軍　零戦五二型
　　　紫電および紫電改
　　　雷電二一型

である。陸軍からはさすがに一式戦隼が消えている。

ここでは陸海軍ともに三種の戦闘機をリストアップしているが、厳密にいえば、対戦闘機戦闘の主力は陸軍の四式戦と海軍の紫電二一型（紫電改）であろう。

さてこのように見て行くと、一九四五年の時点で、両軍の主力戦闘機はすべて、〝重戦闘

機〟となっている。
エンジンの最大出力は
P－51　一六八〇馬力
F6F　二一〇〇馬力
F4U　二三〇〇馬力
疾風　二〇〇〇馬力
紫電改　一八二五馬力
であるから、零戦五二型（一一三〇馬力）や隼（一一〇〇馬力）ではもはや完全に時代遅れと言ってよい。
また武装についても、
一二・七ミリ×六＝七六・〇　指数一三八・アメリカ戦闘機
一二・七ミリ×二＝二五・四
二〇ミリ×二＝四〇　六五・四　指数一一八・四式戦
二〇ミリ×四＝八〇　指数一四四・紫電改
となり、少なくとも攻撃力指数で一二〇以上が必要となってくる。
つまり、昭和二十年の日本上空で本格的に戦うことのできる戦闘機は、
○一六〇〇馬力以上の発動機

○火器の合計口径六〇ミリ以上
○それに対応する防弾装備が必要であった。一九四一年から四二年の頃とはケタ違いに強力な戦闘機でないと、もはやこの戦場で生き残ることはできないのである。

さて日本の上空における戦闘機同士の空中戦の結果は、これらの数値の示すところと一致したであろうか。

公表されたデータを見ている限り、条件としては——数の問題は別にして——日本側が有利と思える。これは性能的に日本戦闘機がとくに優れているという意味ではない。データからみると、日米の戦闘機の性能はほぼ互角と考えられる。

となれば地理的、戦略的には日本側の有利は確実である。ともかく自国の上空で戦うのであるから、いろいろな面で無理がきく。敵地へ出かけて行くのと違って航続距離の問題は考える必要がなく、撃墜されても不時着か落下傘降下すれば味方の地域に降りることができる。

これに対し、米陸軍戦闘機は一二〇〇キロも海上を飛行してきて空中戦を行ない、それからまた一二〇〇キロを帰るわけである。いかに長距離飛行性能を誇るP-51マスタングでも、日本上空における滞空時間は三〇分程度、もし空戦を行なうとした場合、一〇分以内で切り上げなくてはならない。

海軍機F4U、F6Fの場合も、空母は日本機の反撃を恐れ、陸地から四〇〇キロ以内には近づかない。したがって戦場への往復にほぼ一〇〇〇キロの飛行を必要とするのである。

そのうえ少しでも損傷を受けたりしたら、空母への着艦自体が大きな負担となる。またこれらの事柄がパイロットへの精神的な負担にもなっているはずである。

しかしこのようなハンディキャップにもかかわらず、本土上空の空中戦の勝敗はやはり米軍に有利となっていた。

これは米軍機の数、機械的信頼性、支援能力の差などによるところが大きい。また日本近海を自由に動きまわり、自身が損害を受けることの少ない空母機の有効性も否定できない。

一方、日本側の燃料は完全に底をつき、戦闘どころか満足に訓練もできぬ有り様であった。

しかし日本軍戦闘機が、ある程度機数を充実させて戦えば、それ相応の戦果を挙げることができたのも事実である。

この例として第三四三海軍航空隊の奮戦を記しておこう。三個飛行隊の計七二機の新鋭紫電改をそろえたこの〝剣部隊〟にあって、すでに敗色の濃い日本空軍としては、一時的ながら大きな戦果を記録している。

とくに一九四五年（昭和二十年）三月十九日、可動全機（五四機）を、呉軍港を襲おうとする米艦載機の大群に向け発進させた。延べ六時間に及ぶ大空中戦の結果、敵戦闘機（F6F、F4U）と爆撃機など四八機を撃墜し、自軍の損失は一五機であった。

これは自軍の基地近くでの迎撃戦という有利さを考慮しても、大きな勝利といえる。

一方、陸軍戦闘機隊の活躍としては、終戦間近の七月十六日、八日市市上空の空戦を記すべきであろう。

飛行第二百四十四戦隊の五式戦（キ一〇〇）三〇機が、やはり米機動部隊から出撃してきた五〇機以上の戦闘機（F6F）と交戦。撃墜は一二機、損害は二機で、歴戦の日本陸軍戦闘機隊が記録した最後の勝利といえる。

この二つの空戦の結果からみるかぎり、一九四五年における日米の戦闘機の性能はほぼ互角と考えてよいと思う。大馬力の航空用エンジンの開発に手間どった日本の工業界も、ようやくアメリカに追いつきつつあったのである。

しかし冷静に見ればやはり、太平洋戦争後期においては「日本陸海軍のエリート戦闘機隊が米軍の標準的な戦闘機隊に匹敵」するのが精いっぱいであった。

この評価は——非常に残念だが——多くの読者の賛同を得られるはずである。いいかえれば、日本の標準的な部隊は、米軍のそれに大きく劣っていた、ということである。

この第一の原因は、日本側の航空燃料の不足にある。

一九四五年四月の時点で海軍の所有する石油は五万トン程度になってしまっていた。このうちのどれだけの量が航空部隊にまわされたのかはわからないが、この五万トン（全量）は現在のわが国の一日の使用量よりはるかに少ない。

また燃料の質自体も低下しており、これを使う日本戦闘機のエンジンは規定の出力を発揮できなかった。

第二の原因としては、対空用電波兵器の技術的立ち遅れであろうか。

一九四〇年の夏から秋にかけて、イギリス本土は日本と似た状態であった。機数で約三倍のドイツ空軍の猛攻撃を受けた、いわゆる「イギリスの戦い、Battle of Britain」である。

このとき、イギリスはレーダーを駆使して数少ない戦闘機を有効に使い、ドイツ空軍を撃退する。勝利の要因はいくつか他にも考えられるが、主役はレーダーという新しい兵器であったことは間違いない。

次に個々の主力戦闘機を比較すると次のようになる。

○陸軍機同士では、

疾風対マスタング

マスタングが性能的に優れている。しかし硫黄島から侵攻してくるというハンディキャップがある限り、疾風有利。

○海軍機については、

紫電改対Ｆ６Ｆ

どのような条件でも紫電改は同等以上の戦闘が可能である。

剣部隊の勝利は、そのまま紫電改の勝利でもあった。もしマイナス面を見つけるとすれば二〇ミリ機銃の発射速度と弾道直進性であろうか。

全般的な技術水準で、アメリカに水をあけられはじめていた戦争後半のこの時期、日本軍戦闘機の設計技術が米国のそれとほぼ同じであったという事実は、なんとなく我々を安心させる。なぜなら、何回となく述べてきたように戦闘機こそが、この時代にその国のもっとも高度な技術生産品であったからである。

ソ連機の満州侵入

日本の敗戦が確実となっていた一九四五年八月九日、総兵力が一五〇万というソ連軍が満州（現在の中国東北部）へ侵攻してきた。このときの満州は日本の支配地で、約六〇万人の日本人が住んでいた。

この地方を守る日本軍は、歩兵の数は七〇万とソ連軍の約半分であった。しかし戦車、航空機はソ連軍の約一〇パーセント、少ないものでは約五パーセント程度しかなく、戦闘一〇日間で壊滅的な打撃を受ける。

ソ連の満州侵攻はかなりの確率で予測されていたにもかかわらず、日本の国力はすでに底をついており、打つべき手はなにもなかった。

空軍力に関してはソ連軍が約二五〇〇機、これに対する日本軍は二〇〇〜三〇〇機程度にすぎない。このうち有力な戦力といえるのは、陸軍の四式戦疾風二四機のみ。他は一式戦、そして固定脚の九七式戦闘機さえ残っていた。

本来なら、これらの戦闘機についても比較検討すべきだが、ここでは省略する。なぜなら、わずかな日本軍戦闘機はすべて対地攻撃に使われ、ソ連戦闘機との空中戦はなかったからである。

この年の五月、対ドイツ戦に勝利を得ていたソ連は、必要となれば一万機以上の航空機を対日戦に投入できたことであろう。

これに対し満州、朝鮮半島、千島を守る日本陸軍機は、練習機までかり出しても一〇〇〇機には達しない。勝敗は戦う前から明らかである。したがってここでは、日本陸軍の主力戦闘機、四式戦疾風と代表的なソ連戦闘機の簡単な比較のみにとどめる。

	最大出力	最大速度
四式戦	二〇〇〇馬力	六二三キロ／時
Ｙａｋ－３	一二二二馬力	六四八キロ／時
Ｌａ－７	一七七五馬力	六六五キロ／時

となっていて、ソ連機は疾風より明らかに優速のように思える。

このデータが正しいかどうか、翼面馬力を調べてみよう。

四式戦	二〇〇〇馬力／二一平方メートル	九五馬力／平方メートル
Ｙａｋ－３	一二二二馬力／一四・九平方メートル	八二馬力／平方メートル
Ｌａ－７	一七七五馬力／一四・五平方メートル	一〇一馬力／平方メートル

この数字から見ると、ヤクＹａｋ－３の速度は少々オーバーな数値に思える。大戦中のソ連の最優秀戦闘機は――これものちに詳述するが――ラボーチキンＬａ－７と考えて良いようだ。

一九四五年頃の戦闘機は、いかに空気力学的な性能が優れていても、二〇〇〇馬力級の発動機を装備していなければ一流と呼べなくなっている。

この点から疾風の好敵手はＬａ－７であろう。両戦闘機は形も良く似ており、性格的にはともに中高度戦闘に向いている。

しかし日本降伏後二週間以上続いた満州の戦いも、結局数の差があまりに大きく、個々の兵器の能力などまったく問題にならなかった。

またソ連軍の首脳部には、第二次大戦前から、「近代戦争の決着はたんに兵力の多寡による」という思想があり、これが正しかったことは独ソ戦によって証明されている。

それにしても第二次大戦における日本軍は、アメリカ、イギリス（そしてのちにはソ連）という大国を相手にして勝てる、という目算をもって開戦したのであろうか。

航空機に関していえば、連合軍側は枢軸（日本、ドイツ、イタリア）軍の一〇倍近い生産力をもっていた。これだけ数に差が生ずれば、戦闘機や爆撃機の性能の差などまったく無視しても差しつかえない。

零戦が開戦時に見せた〝東洋の驚異〟も、最終的には怒濤のように押し寄せるアメリカ戦闘機の大群のなかにあっては、蟷螂《とうろう》の斧でしかなかった。

第4章　ヨーロッパの航空戦

ドイツ対ポーランド

本章から、茫漠たる太平洋の大海原を離れて戦場はヨーロッパへと移る。

そして新興の国家ドイツ第三帝国は、大国フランスと他の国々、デンマーク、オランダ、ノルウェー、ポーランドを手中におさめるべく、戦端を開く。

ここでは第二次世界大戦という悲劇を引き起こした原因や、どこの国の政策が悪かったのか、というような分析は他の書物にまかせて、この戦域における航空戦のみを追っていこう。

第二次世界大戦（以下 World War II／WWIIと記す）は一九三九年九月一日、ドイツ軍のポーランド進攻にはじまり、一九四五年八月十五日の日本降伏によって終了する。

したがってその期間は約六年ということになる。しかしヨーロッパ大陸においては一九四五年五月五日にドイツが降伏しているから、五年と八ヵ月続いている。

では、まずポーランド対ドイツ戦から見ていくことにする。

一九三九年九月一日〜十八日の一八日間、独軍が一八〇〇機の航空機、一〇〇〇輛の戦車を先頭に突然ポーランドに侵攻、第二次世界大戦がはじまった。

この戦争に関してはドイツ軍は十分な準備を整えていたが、ポ軍はやっと一週間前に動員命令を出したほどであった。

同軍には戦争の危機を感じていたフランスからモラン・ソルニエMS406、イギリスからハリケーン、スピットファイアなど三〇〇機近い戦闘機を提供されることになっていたが、それらは結局間に合わなかった。したがって主力戦闘機は、高翼に固定脚のPZL・P11Cであった。

ドイツ側はもちろんメッサーシュミットBf109Eである。

戦闘機のみの機数を数えれば、ポーランド約二〇〇機、ドイツ約四五〇機（資料によって数値は大きく異なる）となっている。

PZL・P11戦闘機は全長七・六メートル、全幅一〇・七メートル、自重一・一五トンときわめて小さく、そして軽量である。日中戦争で活躍した日本海軍の九六式艦戦と比較しても、ひとまわり小さい。

ソ連のポリカルポフI－15はより小さいが、重量は一五〇キロ以上重いから、P11こそ本当の意味の軽戦闘機と呼べるものである。

エンジン出力は六四五馬力、これまたWWⅡに参加した戦闘機のなかではもっとも小さなエンジンである。この低出力では、いくら軽量の機体といっても性能はたかが知れている。

一応評価できるところは旋回性能だけで、最高速度にいたっては当面の敵であるBf109Eより二〇〇キロ／時も遅い。

これでは戦闘機対戦闘機の空中戦に使用することは不可能である。ポーランド空軍としても——すでにBf109の存在は知っていたから——もっぱら爆撃機迎撃用として使用している。

P11はなるべく高度をとって、低空を侵入してくるドイツ爆撃機（ハインケルHe111、ドルニエDo17）を急降下攻撃する戦法を用いた。さもないと低速のため爆撃機にも追いつけない。この戦法は意外に効果的で、P11は七・七ミリ機関銃四梃という軽武装にもかかわらず、多くの独爆撃機を撃墜している。

しかし損害を受けたHe111、Do17の部隊が中高度以上で飛行するように戦術を変えると、もはやP11はどうすることもできなくなってしまった。

ポーランドは一八日間で戦力を完全に消耗して降伏する。ポ軍のドイツ機撃墜数は空中戦で一三〇機、地上砲火で九〇機である。一方、独軍は二二〇機（地上での破壊分を含む）のポーランド機を撃墜している。

兵力差からいえば五倍近い敵空軍を相手に、ポーランド軍は勇戦し、予想以上の戦果をあげた。

この戦争においてポ軍がスピットファイア、ハリケーンを使用できなかったことは、その後のドイツ空軍に間違った自信を与える遠因となった。

もし一九三九年九月の対ポーランド戦でBf109がスピットファイアと戦っていれば、ドイツ空軍はこの英国製戦闘機の実力を思い知ったに違いない。そうなれば一九四〇年七月からの対英国戦争（Battle of Britain）を、ドイツはもう少し慎重に戦ったのではないか、と筆者は推察する。

ドイツ空軍は主力戦闘機Ｂｆ109の性能を過信してしまっていた。そしてその原因は、スペインでソ連のポリカルポフＩ－16、ポーランドでＰＺＬ・Ｐ11Ｃを圧倒したことにある。

この結果、ドイツ空軍首脳部は「Ｂｆ109戦闘機に対抗できる戦闘機は存在しない」と考えて、新戦闘機の開発と、Ｂｆ109の性能向上（とくに航続距離の増加）を遅らせてしまったのである。

この事実がバトル・オブ・ブリテンの敗北につながったとする推測は、間違っているだろうか。

デンマーク、オランダ、ノルウェー、ベルギーとの戦い

ポーランド戦が終わってから翌年（一九四〇年）の春まで、ヨーロッパにおいて大きな戦闘はまったくなく、この期間は〝まやかしの戦争期間〟あるいは〝大休止〟などと呼ばれていた。英、仏の爆撃機は爆弾の代わりに宣伝ビラを積み込み、ドイツ領土内にまいていた。

しかし北ヨーロッパの雪融けを待たず、ドイツはデンマーク、ノルウェー、ベルギーを攻撃する。

ドイツ空軍の戦闘機兵力は約一五〇機（総数一二一〇機）であった。対する両国の戦闘機は、

ノルウェー　グラディエーター　九機

デンマーク　　フォッカーD21　　八機

が主力であったから、勝敗ははじめから明らかであった。

英軍は四〇機のハリケーンMk1、フランスは一六機のMS406を送って支援したが、大きな戦果はあがっていない。

デンマークはわずか二日で敗れたが、ノルウェーは二ヵ月近く戦い続けた。これはイギリスが強力な海軍を同国支援のために派遣したからである。ドイツ海軍は、これによって巡洋艦三隻、駆逐艦一〇隻を失っている。

しかし航空戦の方は早々と決着がついてしまい、特記すべき戦闘はない。

ベルギーはこれらの小国のなかでは戦闘機兵力が比較的充実し、

グラディエーター　　二二機
フィアットCR42　　二〇機
ホーカーハリケーン　　一一機

が存在した。

一九四〇年五月にドイツ軍が侵入したとき、突然の攻撃であったために約半数の戦闘機は地上で撃破されてしまった。しかしたとえ空中で反撃したと仮定しても、グラディエーターやフィアットCR42は複葉固定脚の旧式戦闘機であり、Bf109に対抗するのは不可能である。ハリケーンなら戦いようがあっただろうが、わずか一一機では気休めにしかならなかったであろう。

オランダ、ベルギー、ノルウェー、デンマークなどはドイツに対してまったく敵対行動をとらなかったにもかかわらず、全面的な侵略にさらされてしまった。これらの国々の軍人の一〇パーセントはイギリスに脱出し、祖国を占領しているドイツ軍に対し武器をとる。

このほかにチェコスロバキアが一九三九年の三月に、ギリシャが一九四〇年十月に、ドイツ軍（一部イタリア軍）による侵入するところとなった。このときにおける各国の戦闘機兵力は、次のとおりである。

チェコスロバキア　アビアB534複葉戦闘機　約一五〇機
ギリシャ　ブロッシュMB151　三六機
ユーゴスラビア　メッサーシュミットBf109E　約七〇機

この三国中、ユーゴスラビアの政治情勢は複雑で、国内には親独派、反独派が入り乱れていた。

一九四一年四月六日、ドイツ軍がこの国を攻撃したとき、ユーゴ軍は組織的な反撃を行なわなかった。このためドイツ、ユーゴ軍のBf109E同士の対決は皆無であった。

これらのヨーロッパの小国は、ドイツの軍事的脅威は感じていたものの、英、仏の力に頼って互いの連携もなく敗れ去ってしまった。

そのなかで比較的強力な軍備をもって「武装中立」を唱えたスウェーデン、スイスの二国は、大戦に巻き込まれずに済んでいる。

一九四一年中期の時点で、スウェーデンの総航空兵力は一〇〇〇機に達していた。またスイスは一九三九年八月に動員令を布告し、二五〇機の航空機を配備した。このスイスの特質として、有名な「国民皆兵、ひとつの家庭に一梃の銃を！」をスローガンにしている。

航空兵力も防御一辺倒に徹し、二五〇機の軍用機の内訳は、

●一〇〇機の戦闘機
●一三〇機の偵察機
●二〇機の練習・連絡機

となっていて、攻撃・爆撃機は保有しなかった。

本書の主旨とは多少ことなった内容となってしまうが、我々はスウェーデンとスイスの歴史から、〝戦争を避けるためのひとつの方法〟を学ぶべきであろう。

ドイツ対フランス

一九三九年九月、ドイツの拡大政策に譲歩をくり返していた英、仏両国は、ついに開戦への決意を固めた。

このときフランス空軍は約四〇〇〇機の軍用機（練習機を含む）を保持していた。しかし一応第一線で使用できるものは一四〇〇機であった。戦争の危機は数ヵ月前から誰の目にも明らかだったので、新型機が続々と生産されていた。

数は着実に増したものの、フランス空軍全体としては二つの大きな欠点が見られた。
①軍用機の種類が多すぎること（たとえば爆撃機は八種、偵察機は一二種類もあった）。
②完成した新型機の多くが部品不足で使用できなかったこと。
この二点はそのまま、数のうえではドイツを上まわるフランス空軍の弱点となった。

単発戦闘機に関しては、ドイツ空軍がメッサーシュミットＢｆ109Ｅのみを集中的に装備していたのに対し、仏空軍は三機種（のちに一機種追加）であった。

各々の機数を調べてみると

ドイツ	メッサーシュミットＢｆ109	八六〇機
フランス	モラン・ソルニエＭＳ406	二六〇機
	カーチス・ホーク75Ａ	八〇機
	ドボアチンＤ520	六〇機
	ブロッシュＭＢ151、152	八〇機

となっている。

実戦となったら整備性、部品の交換などの点から、機種が少なければ少ないほど効率が上がるのは自明の理である。

前述の数から明らかなように、フランス軍戦闘機の主力はモラン・ソルニエＭＳ406型機であった。この戦闘機は大きさも重量も、ほぼＢｆ109Ｅと等しい。とくに重量はＭＳ406（一・九トン）対Ｂｆ109（二・〇トン）と完全に一致している。

しかしエンジン出力は八六〇馬力に対し一一六〇馬力と三〇パーセントも差がある。翼面積はともに一六平方メートル、したがって翼面馬力（出力／翼面積、速度の関数）には大きく差がつき、最高速度は一〇〇キロ／時近くメッサーが速い。

これではMS406はBf109の敵ではない。ドボアチンD520、そして最新鋭のブロッシュMB152でさえ、Bf109より重く、かつエンジン出力が小さいから、それほど性能は高いとはいえない。

D520はこの三機種のなかではもっとも使いやすく、フランス軍の発表では三六日間（実質的な戦闘期間）に一一四機のドイツ機を撃墜した、としている。しかしこのなかに何機のBf109が含まれているか不明であり、またD520がどの程度有効に働いたのか判定し難い。

筆者はカタログデータでは数段優れているメッサーシュミットが、実戦でも圧倒的に有利であったと考えている。

ともかく戦争の起こる可能性が確実に高まっているのに、似たような性能の戦闘機を三機種生産し、かつ輸入戦闘機をこれらとは別に購入するという愚策は信じ難い。

しかし数は八〇機と少なかったもののアメリカ製のカーチス・ホーク75A（カーチスP-36の輸出型）は、大いに活躍した。重量は二・九トンと重いがP&Wエンジンは一二〇〇馬力と強力である。

ホーク75Aは戦争初期に、侵入してくるBf109に大きな損害を与えた。これは性能がBf109と似ていることもあるが、フランス製戦闘機より信頼性が数段すぐれていたためとも思える。

フランス空軍が、MS406よりもホーク75を主力戦闘機として配置していたら、この戦いの結果も大いに異なっていたかも知れない。

一九四〇年五月十日に開始されたドイツ対フランスの全面的な戦争は、わずか一ヵ月あまりで独軍の勝利に終わってしまった。

両国の兵力は、

○空軍力　戦闘用航空機数はともに四〇〇〇機前後で等しい

○海軍力　フランス海軍が隻数、トン数とも四〇パーセント多い

○陸軍力　兵員数で約一〇パーセント、フランス軍が多い。戦車数も同様

といった状況であった。これに加えて兵員三五万、航空機四〇〇機をもつフランス派遣イギリス軍がいた。

このように総合的な戦力では、フランス軍は絶対的に有利であった。にもかかわらずドイツ軍はわずか三六日間で、フランス陸軍と空軍を壊滅させてしまった。

フランスが大いに宣伝した独・仏国境のマジノ要塞（マジノ・ライン）はまったく役に立たず、また多くの戦車をもっていた陸軍も同様であった。

この原因をどこに求めるべきであろうか。

しかし、より大きな疑問はフランス軍戦闘機部隊の弱体化ぶりである。

一九一八年に終わった第一次大戦において、フランスの戦闘機（とくにスパッド系列）は

超一流の性能をもっていた。英、独、米ともに二〇〇馬力級の発動機は量産できず、わずかにフランスだけがスパッドS13型に装備し、各国の技術陣を圧倒した。

それからわずか二〇年後、フランス製戦闘機はイタリアと同じように、世界の航空技術から徐々に遅れはじめていた。

戦闘機以外の航空機についても同様で、一九三〇年代には航空史に残るようなフランス製の名機は生まれていない。

この根本的な原因は、フランスの政治情勢の不安、経済政策の失敗にある。その後もその傾向は続いているが、弱小政党多数による連立政府という点である。この各々の政党が、関係する航空機製造会社を別々に後押しをしたために、フランス空軍にはそれらの会社が生み出す種々の軍用機が入り乱れることとなってしまった。

一九三〇年代の終わりには、航空用発動機を実に九社が独自の規格で製造していた。

またその発動機を装備した航空機は、フランス空軍だけで

○一三種類の戦闘機

○一九種類の爆撃機（攻撃機を含む）

○二二種類の偵察機（観測機を含む）

という多種にわたっている。

民間機を含めれば航空機メーカーは一六社も存在したのである。

これではどう考えても機体、エンジンメーカー、航空機の種類が多すぎるのは、誰の目に

も明らかである。第二次大戦におけるフランスの敗北は、軍事力というものが数の多少だけでは決して判断できるものではないことを明確に示しているように思えるのである。

イギリスの戦い

一九四〇年五月十日、ベルギー、オランダ、そして大陸軍国フランスに、ドイツ軍は疾風のごとく襲いかかった。

前記の小さな国はともかく、フランスは人口六〇〇〇万人の大国であり、陸軍、空軍の兵力は攻撃した側のドイツとほぼ同等、海軍にいたっては一・四倍の規模をもっていた。

にもかかわらず、ドイツ軍はわずか一ヵ月でフランスを壊滅状態に追い込んだ。同国の敗北により、西ヨーロッパはドイツを中心とする枢軸軍の完全な支配下に入ってしまった。

となれば、この戦域において残った唯一の国はイギリスである。

五月十日からフランスが降伏するまで、イギリスは三五万近い大軍を大陸に送っていたが、それも六月四日のダンケルク撤退によって消滅している。したがってドイツが、屈服をよしとしないイギリスを攻撃することは明確となっていた。

一九四〇年七月、ヒトラーはドイツ空軍（第二、第三航空艦隊）に英空軍の完全な撃滅を命令する。有力な英空軍が存在する限り、この島国を手中に収めることは絶対にできない。

ドイツ、イギリス両空軍の兵力の特徴としては、

ドイツ軍　　爆撃機主力
イギリス軍　戦闘機主力
となっている。
戦闘機は
英軍　ホーカー・ハリケーン
　　　スーパーマリン・スピットファイア
　　　ボールトンポール・デファイアント（複座）
独軍　メッサーシュミットBf109E
　　　メッサーシュミットBf110D（双発・三座）
である。

七月十日ごろよりドイツ空軍主力はフランス北部の基地を使用し、イギリス中・東部に攻撃を開始する。そしてそれからほぼ二ヵ月、史上空前の大空中戦が、幅四五キロの英仏海峡と、イギリス上空でくり広げられることになる。

これがいわゆる〝英国の戦い Battle of Britain（BoBと略記）〟である。

この空の戦いを語るには、まずドイツ軍の作戦距離の問題に触れておかなくてはならない。これは進攻する側のドイツ空軍戦闘機の航続力と密接な関係があり、見方によってはこの距離が最終的な勝敗の分かれ道となったからである。

まず正確な距離を数字で示す。ロンドンとパリ間三六五キロ。

次に英仏海峡のもっとも狭い部分四五キロ。ただし互いの空軍基地間としては、カレー（独）とラムズゲート（英）間五六キロ。

そしてカレーとロンドン間一六三キロ。

シェルブール半島（独軍）からポーツマス軍港（英海軍基地）間は一五〇キロであった。

空中戦のもっとも激しかった空域は、当然ながらイギリスの首都たるロンドン上空である。

ドイツ空軍戦闘機隊の基地群はほとんどカレー周辺に存在していたから、この戦闘空域への進攻距離は一五〇～一七〇キロとなる。

この戦場までの距離が、どれだけの影響をドイツ軍戦闘機に与えるのか、それは徐々に見て行くとしよう。

バトル・オブ・ブリテンの実質的な開始は一九四〇年八月八日である。

まずユンカースＪｕ87急降下爆撃機一四〇機が、二〇〇機を超すメッサーシュミットにエスコートされてイギリス東岸の港を攻撃した。この規模の空襲は四回実施され、英空軍は三六〇機のハリケーン、一六〇機のスピットファイアで迎撃した。

八月十五日、独空軍は第二、第三航空艦隊の全力である二〇〇〇機を動員し、これに加えてノルウェーからの一〇〇機以上の爆撃機を投入した。

イギリス東部に広がる緑濃い田園の上空は、密集したＶ字型編隊のドイツ軍爆撃機によって埋めつくされた。そして、その周囲は多数のＢｆ109によって、完全に守られているようだった。しかし英空軍はこの日、飛行可能な全戦闘機（延べ九一四機）すべてを発進させた。

まず少数のスピットが高空から急降下して、Bｆ109の防御陣を強引に突破する。これによって開かれた空間から、爆撃機を攻撃するためのハリケーン部隊が接近する。

ハリケーンはBｆ109と対等に戦うには能力不足であるが、鈍速の独爆撃機襲撃には力を発揮する。V形編隊にとりついたハリケーン隊は数百梃の七・七ミリ機関銃を撃ちまくった。

スピットの襲撃によって一時的に混乱したBｆ109も、態勢を立て直しハリケーンに飛びかかる。

このような光景はその後約四〇日続いた。

それでは再び両軍の主力戦闘機について調べてみる。

両軍の戦闘機は、英軍のハリケーン（Mｋ2、2C）とスピットファイア（Mｋ2、2B）、独軍のBｆ109の三機種である。

前方に向け発射できる機関銃・砲をもたない唯一の戦闘機デファイアントと双発機Bｆ110は、ほとんど役に立たなかった。

ドイツ軍は一日平均四五〇機の戦闘機、爆撃機（Hｅ111、Dｏ17、217、Jｕ88）を出撃させ、英空軍は同二六〇機の戦闘機で迎撃した。

もっとも空戦が激しかった日は八月十五日で、ドイツ軍は延べ二一一九機をくり出し、一方英軍は九七四機でこれを迎え撃ったのだった。

英空軍はハリケーンとスピットファイアの二機種について、

ハリケーン　　対爆撃機用

スピットファイア　対戦闘機用に振り向けた。これはハリケーンが性能的にすでに旧式になりつつあり、Bf109Eの敵ではなかったことによる。

この点をデータの上から見て行くと、速度性能、上昇力の目安となる馬力荷重、翼面馬力は次のようになる。

	馬力荷重	翼面馬力
ハリケーン	八〇	一一八
スピット	一〇〇	一三五
Bf109E	九八	一六二

(いずれも指数。零戦二一型を一〇〇とする)

この二つの重要な数値を見ても、ハリケーンはメッサーを相手にするには能力不足であることがわかる。

しかし、英軍にとって幸いなことに、BoBのさいのドイツ空軍は爆撃機重視であった。He111、Do17というハリケーンでも迎撃可能な爆撃機が多く来襲し、エスコート役のBf109の数が少なかった。したがって、スピットより数が二〇〜三〇パーセント多かったハリケーンは、十分に役立ったわけである。

一方、もっぱらBf109を相手にした新鋭のスピットは、その力を存分に発揮した。本来ピットは格闘戦用のファイターであり、一撃離脱戦法をとるメッサーとは戦いたくないはずであった。

しかしイギリスの戦いにおけるBf109の役割は、主として爆撃機編隊の直接援護であったから、一撃離脱攻撃法は使えなかったのである。

Bf109としては、鈍足で運動性の悪い爆撃機を放り出して、自由にスピットと戦う方が実力を発揮できた。けれども、ドイツ空軍首脳はそれを許さず、快速のBf109は否応なしに、自軍の爆撃機部隊に縛りつけられることになってしまった。これがBoBにドイツ空軍が敗れる一因でもあったと推測する。

一時的にはHe111、Do17などの爆撃機の損失が増すとしても、戦闘機隊が独自に行動し、自由にイギリス戦闘機を攻撃し続ければ、最終的に爆撃機の損害は減ったはずだ。

さて次にドイツ空軍戦闘機が存分に働けなかった、もっとも大きな原因を探ってみよう。

これはBf109の航続距離の不足にあった。この戦闘機の航続距離はわずか六六五キロである。カレー（フランス北岸）の基地からロンドンまで一六〇キロ、したがって往復三二〇キロ。離陸→編隊を組み→着陸のためのホールディングを八〇キロ分の燃料を消費すると考える。するとロンドン上空に滞空できる飛行時間は極めて限られる。これは距離としては二五〇キロ分、時間としては四〇分程度である。

しかし、もし空中戦となれば巡航中の三倍の燃料を消費するから、戦場で滞空時間は一〇～一五分しかない。これでは敵地上空に進入したとたんに、帰投するための燃料が気にかかる。事実、BoBで失われた約三五〇機のBf109のうち、三〇パーセント前後が燃料不足による不時着、そして全損と考えられる。

もっとも、航続距離が短いのはなにもＢｆ109に限ったことではなく、ヨーロッパ製戦闘機全般に言い得る。相対するスピットは七六〇キロ、ハリケーンも七四〇キロだから大同小異である。しかし、ハリケーン、スピットは自国の上空で戦うのであるから、燃料が不足したら近くの飛行場に着陸すればよい。

ほぼ同じ時期、中国大陸でデビューしようとした零戦二一型の航続距離は二四五〇キロ（標準、落下タンク使用）、正規でも一八七〇キロ、フェリー飛行なら実に三一一〇キロを飛べる。スピット、メッサーの実に三倍の航続性能だ。もしＢｏＢ時、ドイツ側が零戦を用いていれば、ロンドン上空に三〜四時間滞空させ得たであろう。

Ｂｆ109シリーズのＦ型からは落下タンクを用いているが、Ｅ型では使用されていない。これさえあれば滞空時間を四〇〜六〇分増すことが可能となったが、この改修は間に合わなかった。

延べ四ヵ月（戦闘の激しかった時期は約四〇日）にわたったバトル・オブ・ブリテンの主な空戦における両軍の損失を表に示しておく。

英軍は九一五機の戦闘機を失ったが、ドイツ軍は一七三三機の軍用機を撃墜されている。

ドイツ側の機種別の損失は不明であるが、推測すると、

単発戦闘機（Ｂｆ109）

Ｊｕ87急降下爆撃機およびＢｆ110

双発爆撃機（He111、Do17、Do217、Ju88）が三分の一ずつであろう。

各機種の乗員数はそれぞれ一名、二〜三名、四〜六名だから、見かけの乗員損失数は、五八〇、一一六〇、二六一〇で合計四三五〇名となる。このうち七〇パーセントが戦死、捕虜となったと仮定すると、その数は三〇四五名。

これに対し英軍の損失はほとんどが戦闘機（単座、一部は二人乗り）で戦死者は約六〇〇名（他の連合国パイロットを含む）となっている。

また航空機の自重量を考慮すると、独軍の損失は英空軍の約八倍となる。

結局BoBにおける英、独の空中戦のバランスシートは、英国側を一とするとドイツは、

損失機数で一・九倍

損失乗員数で五〜七倍

航空機重量換算で八倍

であった。

しかしこれ以外にイギリス側については、地上での損害を考慮しなければならない。多くの都市が爆撃で炎上し、また多数の飛行機を地上で破壊されているからである。

ハリケーン、スピット、Bf109Eの武装について

この三種の戦闘機の装備機関銃砲は、各型式によって大きく異なる。
たとえばハリケーンは、
七・七ミリ機関銃　八梃
二〇ミリ機関砲　四梃
を標準としている。
またメッサーシュミットBf109も
七・九ミリ　二梃
一三ミリ　二梃
二〇ミリ　一梃
三〇ミリ　二梃
まで八種類以上の組み合わせが見られる。
しかしバトル・オブ・ブリテンの場合は、平均的に英戦闘機の方が圧倒的に強力な攻撃力をもっていた。
機関銃砲の口径の威力算定はすでに行なっているから、ここでは簡単な総口径（ミリ）数のみを示す。
最強力の戦闘機はスピット（七一）、次にハリケーン（六二）、最後がBf109E（三六）となる。Bf109はもう一梃の二〇ミリ機関砲が欲しいところである。
これらの威力数は次の計算によるものとした。

七・七ミリ×八＝六一・六≒六二　　→ハリケーンMk2
七・七ミリ×四＝三〇・八
二〇ミリ×一＝四〇
計七一　　→スピットファイアMk2
七・九ミリ×二＝一五・八
二〇ミリ×一＝二〇
計三六　　→Bf109E

最後になったが、Bf109とスピットファイアの、零戦がもっていなかった長所を記しておこう。

それは機体設計のさいの〝余裕〟である。

Bf109、スピットファイア、零戦の三機種は――他に新戦闘機が次々と登場してはいるが――独、英、日の主力戦闘機の座を終戦まで維持した。したがって一九四〇～四五年の間の発展を追ってみる必要がありそうだ。

これは初期型→最終型の性能の差を調べることにより、設計時の余裕を見積もることができる。一部に重複するが零戦、スピットファイア、Bf109の初期型と最終生産型のエンジン出力の変化を見ると次のようになる。

零戦二一型　　九四〇馬力→五二型　　一一三〇馬力

スピットMk2　一二八〇馬力→Mk21　二〇三五馬力
Bf109E－3　一一〇〇馬力→G－5　一八〇〇馬力

それぞれの機体重量は一〇～一五パーセントしか増していないから、大馬力のエンジンを装備すれば性能は飛躍的に向上する。この点からは、欧米の戦闘機には日本のそれにない設計の余裕という目に見えない長所が存在する。

零戦の燃料搭載量を減らし、その分機体の補強に注ぎ込めば、もう少し〝余裕〟を生み出せたかも知れない。

やはり、広大な太平洋が、狭い西ヨーロッパとは違って「軍用機でもっとも重視すべき点は航続性能」という考えを生み出したのであろう。

イタリアの戦い

日本、ドイツとともに枢軸側の主要国であったイタリアが、第二次大戦に参戦したのは一九四〇年六月十日のことである。

参戦した原因、理由は、日本の場合ほどはっきりしていない。強いていえば地中海、エーゲ海、バルカン、北アフリカにおける同国の権益の確保と、国威高揚にあった。

現在の歴史家の多くは、イタリアは準備不足のまま参戦した、と記述している。

しかし広くヨーロッパの状況を見る限り、この時期こそ、もしイタリアが参戦しようと考えたならば絶好のタイミングであった。隣の大国フランスはドイツの電撃戦に敗れ、降伏直前であった。事実、イタリア参戦後一〇日間でフランスは無条件降伏する。

またフランスを強力に支援していたイギリスも、危機に陥っていた。三十万を超す駐フランス英軍もドイツ軍に打ち破られて、六月初旬ダンケルクから本国に逃げ帰っていた。

誰が見ても、ヨーロッパは完全にドイツの手中に入るようにみえた。

イタリアはほんのわずかな努力で、アフリカにおけるイギリスの植民地、そしてバルカン諸国が自分のものになると考えたのである。

この時期、イタリア空軍は二五三〇機の第一線機を有していた。実数はその七〇パーセント程度であったが、地中海、北アフリカにいる英空軍機はイタリアの五～一〇パーセントという少数である。英海軍もわずか一隻の空母しか配備していないから、その兵力は五〇機程度と考えてよい。総体的にみて、イタリア空軍は自軍の一〇分の一の敵機を相手にすればよかった。

また海軍力については、戦艦の数（伊六、英五。一九四〇年十月）はほぼ同等であった。しかし巡洋艦、駆逐艦数では一・五倍、潜水艦数で三倍と有利であった。

ところがいざ開戦となると、英軍は地中海で、また北アフリカで、はたまたイタリア陸軍が進攻したギリシャで、イタリア軍を押しまくった。

スエズ運河より南の紅海、東アフリカのエチオピアでも状況は同様である。

この戦区の英軍の装備は、本国軍と比べて旧式であったが、それでも一〇倍の兵力（航空機、兵員数）のイタリア軍を圧倒したのである。

イタリア空軍は伝統的に中型水平爆撃機を主力としていた。もっとも有力なものは、約六〇〇機保有していたサボイア・マルケッティSM79三発爆撃機である。

約一二個連隊あった戦闘機のほとんどは、すでに何回となく登場したフィアットCR42複葉戦闘機である。他に新鋭のG50、MC200などもあったが、一部にはより旧式のCR32も存在していた。

これに対抗する英軍の戦闘機も、西ヨーロッパの戦域と違って旧式機であった。CR42と性能、スタイルも似ているグロスター・グラディエーター複葉戦闘機、そしてごく少数の複座大型戦闘機フェアリー・フルマーである。

英海軍がスペインに持っていたジブラルタル基地には、数機のハリケーンMk1があったが、これまた英本国へ持ち帰るよう分解されていた（のちに二五機を派遣）。

このように見ていくと地中海、北アフリカの戦場に登場する戦闘機の主力が複葉機であり、日本陸海軍の隼、零戦と比較してかなり時代遅れであったことがわかる。

確かに一九四〇年六月といえば、日米開戦の一八ヵ月前ではあった。しかしこの時期、日本陸軍は九七式、日本海軍は九六式と、いずれも全金属製の単葉戦闘機を保有していた。

もっともこのことだけで英、伊軍の装備全体が旧式であるとはいえない。

一例を挙げれば、一九四〇年の開戦時、イギリスは地中海の中央部にあるマルタ島に対空レーダーを設置していたのである。また同年十月、地中海艦隊の一部に対水上艦用レーダーを装備した。

さて開戦と同時に英、伊両軍はマルタ島上空、北アフリカ上空で相対した。イタリア空軍としては地中海の両側（西のジブラルタル、東のアレクサンドリア）にある大英軍基地を叩きたかった。しかし爆撃機は航続距離が足らず、海軍には航空母艦がなく、どちらの基地も襲うことはできなかった。

北アフリカ、地中海上空の空中戦の結果は、イタリアにとって不満足なものとなった。新型戦闘機としては、一九三七年二月に初飛行した八四〇馬力エンジン付きのフィアットG50フレッチア、似たようなスタイルのマッキMC200サエッタ（八七〇馬力）とも、各一〇〇〜一五〇機が配備されていた。

この二機種は一九三四年九月に初飛行しているグラディエーターと比較すれば、データ上からは格段に高性能の戦闘機である。にもかかわらず、空戦の結果は常に互角か、グラディエーターの勝利であった。

イタリア軍は一九四〇年六月の開戦から、地理的、兵力的に敵に数倍有利でありながら、どの戦場においても負け続けている。

アフリカ（リビア―エジプト）の地上戦で五分の一程度の英陸軍に敗れ、地中海で同兵力の英海軍に敗れ、ギリシャでも二分の一のギリシャ軍に追いまわされている。この事実とともにイタリア空軍の勝利の報は、どこからも聞こえてこないのである。

兵力、機材ともに圧倒的なイタリア空軍が勝利を記録していない理由を、筆者は探し出すことができない。

パイロットにしても、その多くはスペイン内乱で実戦の経験を積んでいるはずであった。それが実力をまったく発揮できなかった。

この点については空軍ばかりでなく、前述のとおり、イタリアの海軍、陸軍においても同様である。近代戦争において、敵の数倍の兵力を有する軍隊が、見るべき戦果をまったくあげられなかった事実は、特筆されるべきであろう。

さて開戦後六ヵ月たち、〝出ると負け〟のイタリア軍を支援するためにドイツ軍がこの戦場に介入する。

このままイタリア軍の敗北が続けば、英軍が南方からドイツ本国を攻撃する可能性が生じてくるからである。たしかにイギリスは本国戦域から、七万の兵力をギリシャに派遣していた。

ドイツの対イタリア支援は、

◎第八、第一〇航空艦隊（総数八〇〇機）を派遣→空軍力

◎ドイツ・アフリカ軍団を創設、およびギリシャ攻撃→陸軍力

◎Uボート五〇隻、Eボート（魚雷艇）三〇隻の派遣→海軍力

として実現した。

一九四一年の初頭から、これらの兵力は続々とバルカン地方、地中海、北アフリカへ送り込まれた。そして、これらの戦況は一変し、一部を除いて常に英、独軍の直接の対決となる。

地中海戦域に到着したドイツ軍は、これまでイタリアに圧力を加え続けていたイギリス軍に猛攻撃を開始した。その先頭に立つのは、メッサーシュミットBf109E（のちにF、G）とユンカースJu87急降下爆撃機であった。

英地中海艦隊のある司令官は、ドイツ空軍の登場をこう記述している。

「彼らのこの戦区への到着の知らせは、スパイの活動に頼る必要はなかった。わが軍の損害が一挙に増大した事実が、その証拠となった」

これを戦闘機に当てはめても、ドイツ空軍機の威力は明確である。この戦区における戦闘機のエンジン出力と速度のみを比べてみても、

	最大出力	最大速度
CR42	八四〇馬力	四三〇キロ／時
G50	八四〇馬力	四七〇キロ／時
MC200	八七〇馬力	五〇二キロ／時
ハリケーン	一一八五馬力	五四六キロ／時
グラディエーター	八四〇馬力	四〇五キロ／時
Bf109E	一一〇〇馬力	五七〇キロ／時

となり、イタリア機は開戦後まもなく送られてきたハリケーンMk1、2に到底太刀打ちできない。

ハリケーンの相手となる戦闘機は、イタリア空軍には皆無だったのである。だがメッサー

シュミットBf109がこの戦線に到着すれば、イギリス軍対枢軸軍の立場は完全に逆転する。ハリケーンがBf109に勝てないことは、すでに半年前のバトル・オブ・ブリテンで実証されていた。それまでイタリア戦闘機をナメきっていた英空軍は、強敵ドイツ空軍によって大きな損害を出すことになる。

グラディエーターはもとより、大型複座戦闘機フルマーなどは、Bf109に見つかれば無事では済まなくなり、戦線から完全に引き揚げられてしまった。ハリケーンとともに送られてきたアメリカ製のカーチスP－40トマホークも、Bf109Eと比較すると五〇キロ／時以上低速であるから、有力な戦力とは成り得ない。

この戦線でもっとも活躍したドイツ空軍のパイロット〝ヨッヘン〟マルセイユは、一九四一年春から翌年九月までに一五〇機以上の敵機を撃墜している。このほとんどがハリケーンとP－40で、マルセイユの空戦技術によるところが大きいものの、メッサーの性能上の有利さは明白であった。

一九四二年に入るとイギリスは、ようやくスピットファイア戦闘機を北アフリカへ送るだけの余裕をもつが、ドイツ側もBf109Eを強力なG型に変換する。

戦闘機の性能に関する限り、この戦域ではドイツ軍が最後まで有利であったといえる。

さて低性能のイタリア軍戦闘機についても、順々に改良が実施されはじめていた。イタリア軍戦闘機の性能が低い理由のすべては、出力不足のエンジンにあった。

この時期、イタリア最強力のエンジンでもその出力は一〇〇〇馬力に達せず、期待されたピアジオP12型（一五〇〇馬力）の実用化はまだ遠かったのである。

このためドイツのダイムラーベンツDB601型発動機の導入と国産化がはかられた。DB601はBf109系に装備されている一一〇〇～一三〇〇馬力級のエンジンである。このエンジンはマッキMC202（200系改造）、フィアットG55（G50系改造）、レジアーネRe2000ファルコの各戦闘機にとりつけられた。八五〇馬力級から一二〇〇馬力級（四〇パーセントアップ）へと馬力が増したことにより、イタリア戦闘機は一気によみがえった。それは次の数字に示される。

	最大速度	上昇力	上昇限度
G50	四七〇キロ／時	六二五メートル／分	九九〇〇メートル
G55	六二〇キロ／時	八三三メートル／分	一万三〇〇〇メートル
MC200	五〇二キロ／時	九〇九メートル／分	八九〇〇メートル
MC202	五九五キロ／時	一一四三メートル／分	一万一五〇〇メートル

まさに驚くべき効果である。優秀な戦闘機が生まれるためには、優秀なエンジンがいかに必要か、というなによりの証拠といえよう。

ところがイタリアは、DB601系の発動機の生産に手間どり、G55、MC202の部隊配備が開始されたのは一九四三年夏からであった。イタリアはこの年の九月十日に降伏してしまうから、G55、MC202の実戦参加機数は各五〇機前後といったところであろうか。

これではいかに高性能機といっても、とても戦力とはなり得なかった。

しかし別の見方をすれば空力的設計は良好で、Ｇ55、ＭＣ202のうち、とくに後者は素晴らしい戦闘機に生まれ変わっている。ＭＣ202フォルゴーレをメッサーシュミットＢｆ109系と比較してみると、

	Ｂｆ109Ｅ	ＭＣ202	Ｂｆ109Ｇ
攻撃力	六五	七四	一〇一
速度性能	一〇七	一一二	一二九
旋回性能	六〇	四七	五九
航続力	五二	五六	五四

となる（各数値は指数）。

この数値からみると、ＭＣ202はＢｆ109Ｅよりも確実に高性能の戦闘機であり、うまく使えばＢｆ109Ｇと同等の力を発揮するはずである。ＭＣ200では上記の指数が、四六、九四、五四、六〇であるから、まさに段違いの性能となっている。

日本陸軍の三式戦飛燕（キ六一）→五式戦（キ一〇〇）のエンジン交換では、信頼性は高くなったものの、性能的には向上していない。これがイタリア戦闘機の場合、大幅な性能アップに成功している。

さてイタリアは前述のとおり一九四三年九月八日に降伏したが、それは全面的なものではなかった。イタリアは完全に二つに分離したのだ。

まず南部の軍隊は連合軍側へ走り、北部は終戦の一九四五年五月（実際には四月二十日まで）まで枢軸側にとどまった。

南部バドリオ軍ではＭＣ200型機三〇～五〇機が主力戦闘機であった。一方北部軍は、Ｇ55、ＭＣ202そしてドイツから供与されたＢｆ109Ｇ（合計約二三〇機）が主力となる。この両軍は休戦まで一年半にわたり再び戦い続けた。

一九四三年秋から、米英軍を主体とした連合軍はイタリア本土に上陸するが、兵力数が三〇パーセントに満たない駐留ドイツ軍の排除に手間どった。約四〇万のドイツ地上軍は一年半にわたり、連合軍の北上を阻止するのである。

イタリアをめぐる戦いが完全に終わるのは一九四五年四月二十日であり、それはドイツ降伏のわずか二週間前であった。

ギリシャをめぐる戦い

アドリア海を挟んでイタリアと向かい合うギリシャは、歴史上たびたび紛争をくり返してきた。

第二次大戦においても一九四〇年十月二十八日、イタリア軍は海路およびアルバニア経由でギリシャ侵入をはかった。イタリアがギリシャ占領を試みた理由は明確ではなく、地中海、エジプトの戦況が思わしくないこととの埋め合わせとしか考えられない。

ギリシャは、一度は拒否したものの英軍の進駐を認め、ギリシャ・イギリス連合軍対イタリアの対決となる。

イタリア空軍の進攻兵力は三七〇機、これに対するギリシャ空軍は戦闘機四五機、爆撃機三六機を主力に一九五機であった。

戦闘機としては、ポーランド製のPZL・P24三六機、フランスのブロッシュMB151九機である。他に英軍が一二機のグラディエーターをパイロットとともに送り込んでいる。

一方、イタリア軍の戦闘機はCR32、CR42二三機、MC200一二機、G50三三機で、戦闘機数だけを比較すればギリシャ四五機、イタリア六八機となる。

十月二十八日、一六万人を超えるイタリア軍がギリシャに侵入した。一方この時点でギリシャが準備した兵力は七万五〇〇〇人（のちに一四万人になる）である。あらゆる点で圧倒的なイタリア軍であったが、戦闘の結果は予想と異なり、ギリシャの勝利であった。

十一月末にはすべてのイタリア軍がギリシャ国外へ押し出されている。

これは航空戦でも同様で、CR42、G50、MC200などのイタリア戦闘機が、ブロッシュMB151とグラディエーターによって大損害を受けた。とくに一〇機足らずのMB151は、イタリア爆撃機多数を撃墜、数人のエースを誕生させた。ギリシャ対イタリアの戦いは一応前者の勝利に終わったが、北部国境（ギリシャ・アルバニア）での小競り合いは一九四一年春まで続く。

この間イギリスはイタリア軍が弱いことを見抜き、ギリシャに大兵力を送り込み、その数は五万名近くまで増大した。このような事態となっては、ドイッ軍が直接ギリシャ戦に介入するほかなかった。約七万のドイツ軍がアルバニア、ブルガリア、ユーゴスラビア経由でギリシャに侵入する。これは一九四一年四月十日のことである。

兵力数では上まわっていたギリシャ・イギリス軍も、ドイツ軍の敵ではなかった。ギリシャは二四日後に全土を占領されて降伏、駐留イギリス軍はクレタ島経由でアレクサンドリアへ脱出するのである。

さて対ギリシャ戦でもイタリア軍戦闘機は勝利を得ることができなかった。これはギリシャ空軍に三六機配備されていたPZL・P24型機の性能によるところが大きいようだ。ドイツ・ポーランド戦争に活躍したP11Cの発展型であるP24は、ほかの戦線にほとんど登場していない。

P24のスタイルはP11Cと同様で、

○肩翼式のガル翼

○大きなスパッド付きの固定脚

○四本の太い主翼支持アーム

など、どう見ても第一次大戦後期の飛行機といえそうだが、エンジン出力はノームローン九七〇馬力という強力なものである。また武装はF型では七・七ミリ×二梃、二〇ミリ×二梃と零戦二一型と同じである。

これではCR32、CM42はおろかG50、MC200でも撃墜するのは難しい。なぜなら前記のイタリア戦闘機の発動機出力はすべて八四〇〜八七〇馬力であり、そのうえ総重量はＰ24よりもいずれも三〇〇キロ以上重い。

これらの数値から見ると、大戦前期のイタリア戦闘機はすべて二流の性能であったことがわかる。

このような戦闘機に、あまり戦闘意欲をもっているとは言えないイタリアのパイロットが乗っていれば、連合軍側としては楽な戦いであったはずである。

しかし格段に性能の良いメッサーシュミットＢｆ109を、実戦で経験を積んだドイツ軍パイロットが操縦して参戦すれば事態は一変した。

地中海、アフリカ、ギリシャ（バルカン地方）の戦局を見ると、この事実は明確に理解されるのである。

ドイツとソ連の戦い

一九四一年六月二十二日、東ヨーロッパ全体をようやく昇りはじめた朝日が照らし出すころ、二七七〇機のドイツ空軍機が国境近くの飛行場を離陸した。

目標は二億の人口と二七〇〇万平方キロの面積を有する大国ソ連である。

一九三九年九月の第二次世界大戦開始から約二年間、ドイツとソ連の関係は見かけ上は親密であった。ソ連からドイツへは大量の食糧が送られ、また反対方向には主として技術供与

AAラインとドイツ軍進出ライン

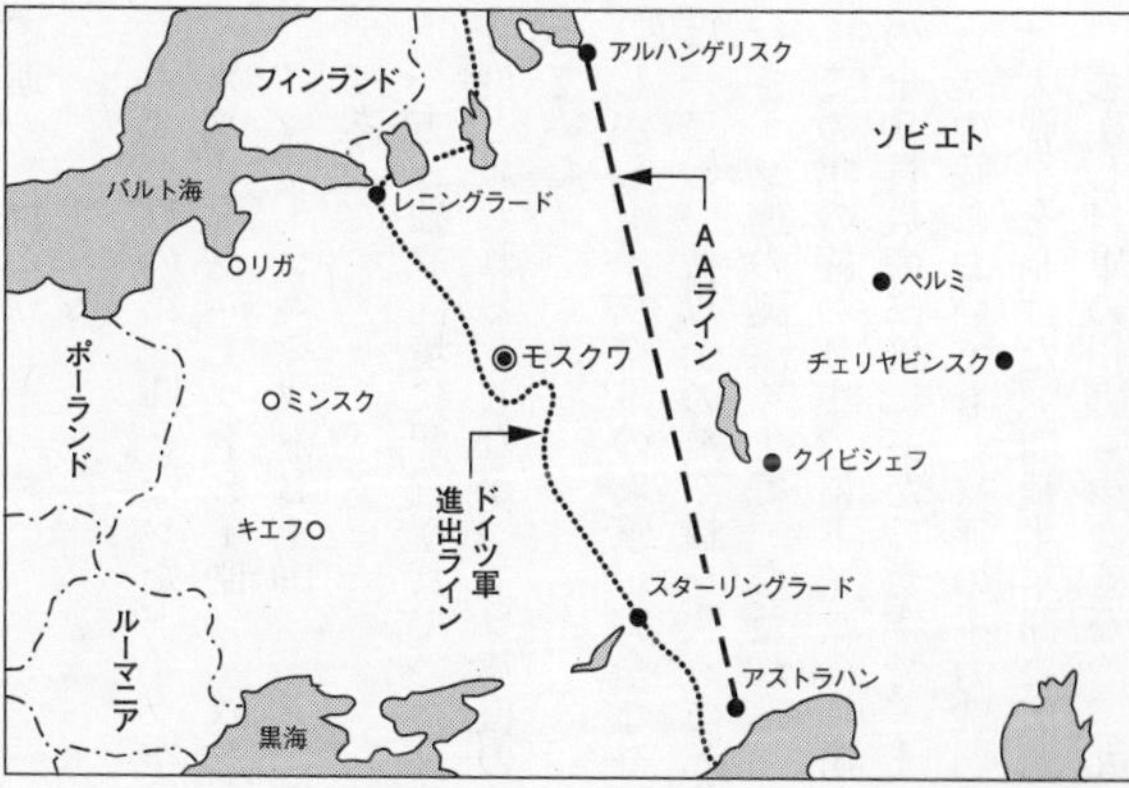

が実施されていた。

しかし国家社会主義をめざすドイツと、完璧な共産主義をとなえるソビエト連邦が隣り合って共存することは不可能で、この二大軍事国家はそれから四年間、三〇〇〇万人以上の死傷者を出す凄惨な戦争を続けることになる。

当時のドイツは人口約八〇〇〇万人であったから、到底ソ連全土を手中に収めることは無理であった。

ドイツが狙ったのは、北のアルハンゲリスクと、南のアストラカン（アストラハン、アストラハニとも呼ばれる、黒海に面した人口三〇万の中都市）の線から西側の地域である。この両者を結ぶラインは、頭文字をとりAAラインと名付けられていた。

一九四二年にドイツはこのAAラインの直前まで進攻するが、間もなく撤退を余儀なくされる。

このドイツ軍によるソ連攻撃作戦は、中世の大王の名をとって〝バルバロッサ〟と呼ばれた。本章では、記述をこの東部戦線の戦闘機同士の戦闘に限って進めて行こう。

さて進攻の第一陣となったドイツ空軍戦闘機の内訳は、

メッサーシュミットBf109　八三〇機

メッサーシュミットBf110　九〇機

であった。

一方、独ソ国境に配置されていたソ連空軍戦闘機は――明確な数値は不明だが二〇〇〇機程度と思われる。したがってソ連機の総数は五〇〇〇機以上で、兵力比は独一、ソ連二となっていた。

しかしドイツ空軍の攻撃が完全な奇襲となったため、戦闘開始から一ヵ月だけで、ソ連側は一二〇〇機以上の航空機を失ってしまった。それから半年間、独軍は順調に進撃を続けて行き、ソ連の奥深くまで、なだれ込んで行く。

この年の終わりまでにドイツの捕虜となったソ連兵の数は二五〇万人。これは当時の日本の全兵員数の二倍にあたる数字で、また進攻するドイツ軍兵力の六〇パーセントに匹敵する。

空中戦においても、ソ連の主力戦闘機は旧式のポリカルポフI-16であったため、独空軍は大戦果を挙げた。開戦半年間に破壊したソ連機は実に九〇〇〇機である。

しかし自軍の損害も少なくなく、九月末で二六〇〇機となっている。いいかえれば、開戦後三ヵ月にして、開戦時用意した兵力（二七〇〇機）が完全に消えてしまっているのだ。東部戦線の戦闘がいかに激しかったか、この数字が如実に示している。

一九四二年に入ると、ソ連空軍に新しい戦闘機が少しずつ姿を見せはじめる。一九三九年の春に初飛行を終えたソ連軍戦闘機群の第一陣の部隊配備が、開始されたのである。

これらは

ラボーチキンＬａＧＧ－３　一九三九年三月
ヤコブレフＹａｋ－１　一九三九年三月
ヤコブレフＹａｋ－３　一九三九年三月

で、すべて同じ年、月に初飛行しており、ソ連の軍事開発能力の大きさがわかる。

これに対するドイツの主力戦闘機メッサーシュミットＢｆ109の初飛行は一九三五年の九月だから、三年半の差がある。当然ソ連の三種の戦闘機は能力的にＢｆ109を大きく上まわるはずであった。しかしエンジンを含む航空技術の立ち遅れは、ようやくソ連軍にＢｆ109Ｅと同等の性能をもつ戦闘機を配備しただけにとどまった。

この事実を数値から見て行くと、

	Ａ／速度攻撃力	Ｂ／旋回攻撃力	Ｔ／総合能力	Ｓ／設計良否
Ｂｆ109Ｅ	七〇	三九	二六	二三
Ｂｆ109Ｇ	一三〇	六〇	四九	二六
ＬａＧＧ－３	九一	三三	二一	一八
Ｙａｋ－１	六一	三〇	一七	一五

Ｙａｋ-３	一〇〇	五八	五一	三九

（いずれも指数）

となる。

ソ連戦闘機のなかで、Ｙａｋ-３のみがＢｆ109Ｅを上まわる性能をもつが、それでもＢｆ109Ｇには多少劣っている。この時点ではドイツ軍としてはＢｆ109の性能向上により、ソ連の新戦闘機に十分対抗できたであろう。

ソ連戦闘機がＢｆ109より三年半も遅れて登場したにもかかわらず、あまり優秀といえなかった理由は、強力なエンジンが入手できなかったことによる。ＬａＧＧ、Ｙａｋシリーズとも発動機の出力は一一〇〇〜一三〇〇馬力であり、これではＢｆ109Ｅ（一一〇〇馬力）と変わらない。

戦闘機の性能評価のうち、最大のファクターとなる馬力荷重も、

		指数
ＬａＧＧ-３	二・三八キロ／馬力	七五
Ｙａｋ-１	二・一二キロ／馬力	八四
Ｙａｋ-３	一・五二キロ／馬力	一一八
Ｂｆ109Ｅ	一・八二キロ／馬力	九八

となっている。わずかにＹａｋ-３のみがＢｆ109Ｅを上まわっている。

しかし改良型のＢｆ109Ｇは一・四三キロ／馬力（指数一二五）だから、これまたＹａｋ-

3ではＢｆ109のＧ型に太刀打ちできない。

（前記の指数の数値Ａ、Ｂ、Ｔ、Ｓと、馬力荷重の数値の順位を見ていただきたい。使用している数式によって、各戦闘機の能力がかなり正確に表示できている状況が理解できるはずである。これは性能算定のための数式が正しいことを裏付けている）

さて、空中におけるドイツ軍の優位に反して、地上戦闘は完全に互角になりつつあった。ソ連軍は極東にあった兵力を次々と西に移動させ増強をはかった。それに加えて地上戦闘においては、新しい戦車Ｔ34が旧式化したドイツのⅢ、Ⅳ号戦車を徹底的に打ちのめしはじめたからである。

一九四二年の夏には、両軍の地上兵力比は独一、ソ連二となってしまった。戦車数に至っては一対三である。同時にドイツに対する英米の圧力が西部戦線でも高まりつつあった。いかに大きな軍事力をもっていたとはいえ、ドイツには西で米英と、東でソ連と戦うだけの力はなかった。

このバルバロッサ作戦は、冷静に見るかぎり初めから勝てるはずのない戦いであった。しかし東部戦線の独、ソ両軍は北極海から黒海までの三〇〇〇キロに及ぶ地域で死闘を続けていた。

ドイツ軍は一九四一年十二月五日、一部の部隊が地平線の彼方にモスクワ・クレムリン宮殿の尖塔を肉眼で見られる地点まで進出した。

けれどもこれが数百万の兵員を投入してドイツ軍が獲得したもっとも東の地点であり、結局モスクワは陥ちなかったのである。

ソ連軍の反攻

さて一九四二年（昭和十七年）冬のスターリングラード戦を頂点として、独、ソ両軍の形勢は逆転、ソ連は反攻を開始する。

この原動力となったのは兵器の量であった。一九四三年の最初の六ヵ月間で、ソビエトの巨大な工業力はドイツの一〇倍の戦車、三倍の航空機を製造している。

主要な陸上戦闘兵器については、その質さえ、ドイツのものを上まわっていた。こうなっては戦術の巧みさと兵員の資質に頼っていたドイツ陸軍の崩壊は早い。そのうえアメリカ、イギリスは中東および北極海経由で大量の軍事物資をソ連に送りはじめていた。

軍用機だけを見ても、一九四二年度中に二二〇〇機がソ連の手に渡っている。その内九〇〇機が戦闘機であった。

そしてそれらの機種は、

○アメリカから

ベルP－39エアラコブラ

カーチスP－40ウォーホーク

○イギリスから

ホーカー・ハリケーン

となっている。

これらは対地攻撃機（戦闘爆撃機）としてはBf109シリーズより格段に優れていたが、対戦闘機戦闘能力は高いものではなかった。

ここでもう少し詳しく一九四二年の戦闘機の生産量を見てみよう。

○ソ連

戦闘機生産数　九三〇〇機

援ソ戦闘機　九〇〇機

合計　一万二〇〇機

この全部を対ドイツ戦に投入可能。

○ドイツ

戦闘機生産数　四六〇〇機

ただし戦線は、地中海、北アフリカ（一九四一年二月から介入）、西部戦線（イギリス、アメリカ軍との戦闘）、そして対ソ連（東部戦線）という三方面であった。

したがって大きく見積もっても、対ソ連には全生産量の四〇パーセント（約一八〇〇機）しか当てられなかったはずである。

このため独ソ両軍の戦闘機の兵力比は一八〇〇機対一万二〇〇機（一対五・七）となり、Bf109系がもつ多少の性能上の有利さなど何の役にも立たなくなっていた。この数の差は、時間の経過とともに大きく開いていき、一九四四年になると一対一〇以上に広がる。

さて改良に改良を重ねてきたＢｆ109シリーズに限界を感じ、一九四三年夏からドイツ空軍は新しい戦闘機をこの戦線に登場させた。二年前から西部戦線にデビューしていたフォッケウルフＦｗ190Ａである。

原型は一九三九年六月に初飛行していたが、同じ時期に誕生したソ連戦闘機群より格段に優れた性能をもっていた。この事実は、

	出力	最大速度	Ｎ（指数）
Ｂｆ109Ｅ	一一〇〇馬力	五七〇キロ／時	六五
Ｆｗ190Ａ	一八〇〇馬力	六六〇キロ／時	一一九
Ｙａｋ－３	一二二〇馬力	六四八キロ／時	八二

（Ｎ／攻撃力〈総合能力〉）

という数値によって明確に示されている。

Ｆｗ190の登場によって東部戦線のドイツ空軍戦闘機部隊は、終戦まで少なくとも質的にはソ連戦闘機隊に対し有利になった。しかし新鋭のＦｗ190は、生産数のほとんどが対英戦に投入されていた。このために東部戦線においては、Ｂｆ109シリーズが最後まで主役の座にすわり続けざるを得なかった。

一方のソ連側も新型戦闘機の開発と既存の戦闘機の改良を続けていた。その結果、次々と新しい機体が生まれ、そしてまた消えていった。主なものだけ取り上げても、

◎ミコヤン・グレビッチ
ＭｉＧ－１（一二〇〇馬力）→ＭｉＧ－３（一三五〇馬力）
◎ヤコブレフ
Ｙａｋ－１（一一〇〇馬力）→Ｙａｋ－３（一二二〇馬力）→Ｙａｋ－７（一二一〇馬力）→Ｙａｋ－９（一二六〇馬力）
◎ラボーチキン
ＬａＧＧ－１～３（一一〇〇馬力）→Ｌａ－５（一六四〇馬力）→Ｌａ－７（一七七五馬力）
などがある。

第二次大戦中の最優秀のソ連戦闘機としては、やはりラボーチキンＬａ－７であろう。一九四二年五月の初飛行だからＦｗ190より三年後の完成である。これは一九四四～一九五〇年代のソ連の主力レシプロ戦闘機となり、朝鮮戦争にも参加している。このＬａ－７をＦＷ190Ａと比較してみよう。

	Ａ	Ｂ	Ｔ	Ｚ
Ｌａ－７	一三五	八一	七四	五二
Ｆｗ190Ａ	一四八	六二	四八	二五

（いずれも指数、Ｚ／生産効果）

となって、Ｌａ－７はＦｗ190Ａより少差ではあるが、性能が一段高いといえそうである。

実際の数字としては、

	出力	自重	馬力荷重
La―7	一七七五馬力	二三八〇キロ	一・三四キロ／馬力
Fw190A	一八〇〇馬力	三一八〇キロ	一・五一キロ／馬力

であり、この事実からしてもLa―7の優秀性が実証されている。このことから逆算すると、ドイツとソ連の航空技術の差は戦闘機に関する限り二年半ないし三年、前者が進歩していることがわかる。

しかしエンジンの最大出力などを比較すれば、ソ連側の技術の方が進むペースが速い点に留意すべきだ。

これは緒戦時の主力戦闘機と、終戦直前の戦闘機の性能差を見ても一目瞭然である。

ドイツ　Bf109→Fw190
ソ連　I―16→La―7

この一事を考えても、ソビエトという大国の潜在的軍事技術能力は高く評価しなくてはならない。

独ソ戦争の空中戦闘に関しては一つのはっきりとした徴候が見られた。これは戦闘の状況を調べて行けば誰にもわかる事実だが、「徹底的な戦術戦闘、より端的に言えば対地上戦闘支援が主目的」ということである。両軍とも戦略爆撃機をもたず、相手の航空機工場を攻撃することは不可能であった。この点が、英、米空軍と相対した西部フロントの場合とまったく異なっている。

この戦闘での空軍の役割は、敵空軍、地上軍の撃滅であり、したがって戦闘形態は第一次大戦の場合とよく似かよっている。

まず両軍の地上兵力が衝突し、その戦闘を支援するために空軍が出動し、対地攻撃を行ない、同時に敵の空軍の行動を阻止する。

このような戦闘においての主役は、当然、戦術爆撃機および地上攻撃機となる。前者はＪｕ88、Ｈｅ111、ツポレフＳＢ－２、後者はＪｕ87、イリューシンＩℓ２などの軍用機である。戦闘機の役割は、味方の爆撃機を守り、敵の攻撃機を破壊することにある。となると必然的に空中戦は低高度（せいぜい五〇〇〇メートル以下、一般的には三〇〇〇メートル以下）で行なわれていた。

このことは、高空用の発動機を必要としないことを意味する。ソビエトのシュベツォフ、ミクリン、クリモフ発動機はいずれも低、中高度用として開発されている。ほとんどが三〇〇〇メートル以下の高度で最大出力を発揮していて、最高使用高度も六四〇〇メートル（ＶＫ105系ＰＤ型）程度である。したがって機械式過給器、排気タービンの開発はアメリカ、イギリス、ドイツより大幅に立ち遅れていた。

一例をあげれば、米空軍のＢ－17Ｇ爆撃機のＲ－１８２０型エンジンは高度七六三〇メートルで一二〇〇馬力を発揮する。これに対してソ連最強のエンジンでも六四〇〇メートルでわずか一〇二〇馬力である。

西部戦線と異なって空中戦闘の大部分が低高度で行なわれたことは、ソ連空軍（場合によってはソ連そのもの）にとって極めて幸運であった。高高度用エンジンを開発できなかった弱点が現われなかったからである。低空での大規模の空中戦が戦闘の大多数を占めるなら、比較的低い性能の戦闘機でも十分に役に立つ。

この事実を逆な見方をすれば、ドイツが高高度で長距離を飛行できるB－17、B－24、B－29のような本格的な爆撃機を開発できなかったことが、同軍を勝利から遠ざけてしまったのではあるまいか。

結局ドイツは、ソ連が東部に疎開させた戦略目標（工場群）を叩く手段をもたず、自国のそれは米、英軍によって破壊される、という大きなミスをおかしてしまった。

こうなると東部戦線の戦いはただただ消耗戦の様相を呈し、両軍の損害が加速度的に増加していったのである。

さてこの戦線におけるもっとも重要な戦闘用航空機は戦闘機でも爆撃機でもなく、地上攻撃機であった。強力な火器を豊富に装備し、厚い装甲に身を固めて空を飛ぶイリューシンIℓ－2のような航空機が、実質的な主役であった。このシュトルモヴィク（嵐の男）は総重量五・九トンの機体に、じつに七〇〇キロに達する重量の装甲板を取り付けている。〇・七トンという重量は同機のエンジンであるAM38とほぼ同じ重さである。これを見てもIℓ－2の防御装甲がいかに厚いものかがわかる。

このような航空機を撃墜しようとすると、小口径の七・七ミリ、七・九ミリ機関銃などまったく役に立たず、アメリカ軍の標準的な機関銃M2（一二・七ミリ）でも明らかに威力不足だった。幸いにもBf109、Fw190とも二〇ミリ機関砲を装備していたから、かなりのIℓ−2を撃墜できた。

こうしてみると、戦闘機に装備する機関銃・砲の口径と数の決定についてはこれといった基準はないように思えてくる。

○アメリカのように中口径（一二・七ミリ）に統一して装備する。

○イギリスのように小口径多銃装備（七・七ミリ×一二）、あるいは大口径少数装備（二〇ミリ×四）の二種の機体をつくる。

○日、独、ソのように七・七ミリ、一二・七ミリ、二〇ミリ、二三ミリを混載する。

これらのうち、どれが最良かという答えは簡単には出せない。

しかし七・七ミリ、一二・七ミリではほとんど損害を与えることのできない航空機の登場から、イギリスの方式（機体は同じで、火器装備の異なる翼を用意する）が、この当時においてはベストであった、と思う。

この点をイギリスのホーカー・ハリケーンを例にとり上げてみると、

Mk2B　七・七ミリ×一二梃　威力指数九二
Mk2C　二〇ミリ×四梃　威力指数八〇

となる。

対戦闘機戦闘には、単位時間当たりの発射弾数の多い七・七ミリ一二梃装備の2Bが有利だが、もしIℓ-2を相手にするとなると2Cでなければならない。物事のすべてについて言えることだが、航空機用自動火器についても〝これがベストだ〟というものは存在しない好例といえよう。

本論に戻ると、独ソ戦について次の結論が得られる。

戦争の勝利は結局のところ〝数〟で決定される。これは戦闘機においても同様で、少々の性能の差は、数の威力の前には無力である。ドイツ軍の首脳部は戦争をはじめる前に、この事実に気づくべきであった。

冷静に考えれば、人口八〇〇〇万のドイツが、七〇〇〇万のイギリス、フランス、二億に近いソ連、アメリカを相手に勝てるはずはなかった。

一つの国家の指導者ともあろう者が、ときによっては子供でさえが気がつく事実に盲目となってしまうことを、歴史はくり返し我々に告げているようにみえる。

最後に第二次大戦におけるソ連戦闘機の機種別生産数の推定値《すいてい》を掲げておく。他の国と違って正確なデータは公表されていない。

この大戦のソ連の主力戦闘機は、

初期　ポリカルポフI-16

中期　LaGG-1-3、Yak-1

後期　Yak-3、9、La-7

と考えて良いようだ。

ただ一機種代表的な戦闘機をあげるとすれば、Ｙａｋ－１～９のヤクシリーズであろうか。これらの総生産数は三万機に達するとのことである。

なおここでソ連空軍の戦闘機の推定生産数を取り上げたのは、大戦中の主力の機種を少しでも明確にしたかったためである。

実戦に参加したソ連の戦闘機の種類は、一〇〇〇機以上製造されたものだけを見ても、一〇種以上あり、なんともはっきりしない。

したがって相当の誤差を覚悟のうえで、生産数を示しておく。

○ポリカルポフＩ（Ｅ）－15シリーズ
　Ｉ－15、Ｉ－15改、Ｉ－153を含む　八五〇〇機
　Ｉ－16　九五〇〇機
○ヤコブレフＹａｋ－１　三〇〇〇機
　Ｙａｋ－３　一万機
　Ｙａｋ－９　一万機
○ラボーチキンＬａＧＧ－１～３　二二〇〇機
　Ｌａ－５　三二〇〇機
　Ｌａ－７　七七〇〇機
○ミコヤン・グレビッチＭｉＧ－１　一〇〇〇機
　ＭｉＧ－３　一五〇〇機

ＢｏＢ以後の戦い

一九四〇年七月〜十月のバトル・オブ・ブリテン（英国の戦い＝ＢｏＢ）のあと、西部ヨーロッパの上空には一時的な平穏が訪れた。

英空軍を撃滅するのに失敗したヒトラーと空軍元帥ゲーリングが、攻勢の方向を一八〇度転換して、ソビエトに向けたからである。したがって英空軍は、ＢｏＢの傷をいやし、兵力を増強するに十分な時間をもつことができた。

この間、英空軍（ＲＡＦ）の戦闘機は大いなる発達を遂げた。ホーカー・ハリケーンは対地攻撃専門となり、スーパーマリン・スピットファイアが対戦闘機の中核に成長した。同機はＭｋ１、２から戦中期の主役たるＭｋ５Ｂに変わりつつあった。

しかし一方のドイツ空軍も、手をこまねいてイギリスの戦闘機の改良をながめていたわけではない。

メッサーシュミットＢｆ109Ｅは、その後大幅にパワーアップされたＦ、Ｇ型へと変化する。また、まったく別の新空冷エンジン付き戦闘機フォッケウルフＦｗ190が一九三九年六月に初飛行し、一九四一年初夏から英仏海峡上空に姿を見せはじめた。

このあとドイツ空軍のＢｆ109Ｆ、Ｂｆ109ＧとＦｗ190Ａ（のちにＦｗ190Ｄ）は、英、米空の新鋭戦闘機を相手に終戦まで戦い続ける。

中部イングランドにある数十の飛行場から、大地を揺るがすほどの轟音が響きはじめていた。

一九四二年六月、ヨーロッパ大陸からイギリスの陸、空軍が完全に撤退してから丸二年目の夏がやってこようとしている。

この日、六月二十六日、英空軍は歴史上はじめて大空中艦隊をドイツ本土へ送り込む。双発、四発の爆撃機、合わせて一〇〇〇機を集めてのブレーメン爆撃である。

一〇〇〇機の爆撃機を一度に出撃させるということが、どれほど大変な作業なのか見当もつかない。日本軍の場合、一度に三〇〇機が参加したマリアナ沖海戦の出撃が最大のもので、航空機は全部単発の艦載機であった。

このブレーメン攻撃では、実際には九五〇機が参加、損害はわずか四パーセントであった。

この日を最初に西部戦線における空中戦は一挙に激しさを増し、それはこのあと三年にわたって続くのである。

ウエストフロントの航空戦は次の三つの種類に大別される。

a、ドイツ工場地帯、都市に対する戦略爆撃

b、中型爆撃機、戦闘爆撃機による対地支援攻撃と船舶への爆撃

c、戦闘機による航空撃滅戦（空中戦と航空機基地攻撃）

そしてbでは連合軍戦闘機とドイツのそれとの空中戦は、あまり発生していない。戦闘機

同士の戦いはもっぱらaとcである。

まずドイツ本土に対する戦略爆撃では、護衛戦闘機と迎撃戦闘機の激戦が行なわれた。

一九四二～四三年ではスピット、リパブリックP－47、ロッキードP－38がその役割を果たしたが、初期には航続距離が不足気味で、英本土～独仏国境までのエスコートしかできなかった。

ドイツ軍戦闘機隊は、護衛部隊が爆撃機隊から分離するまで待っていて、それから猛攻撃をかけるのを常とした。重装甲と強力な火力を誇るボーイングB－17爆撃機も、数梃の二〇ミリ機関砲を連射しながら突っ込んでくる戦闘機の敵ではない。

この種のエアコンバットは数多く存在するが、もっとも有名なものは米第八空軍によるシュワインフルトのボールベアリング工場への爆撃行であろう。これは二度実施され、参加機数と損失数は次のとおりである。

	機数	被撃墜数	損傷
一回目	一八三	三六	一〇〇機以上
二回目	二二九	六〇	一四二

とくに損害の多かった二回目を調べていくと、一度の出撃で六〇機の重爆撃機が未帰還となっている。また損害を受けた率は二〇二対二二九（八八パーセント）であり、大兵力を誇る米空軍でもとても耐えられるものではない。多分この日一日だけで第八空軍は一〇〇〇人以上の空中勤務者を失ったはずである。

このため、なんとしても、ドイツ本土上空まで爆撃隊を掩護できる長距離飛行の可能な戦闘機が必要であった。

この時点での連合軍戦闘機の航続距離を調べてみると、

米軍機

P－38ライトニング　一七〇〇キロ

P－47サンダーボルト　二七六〇キロ

英軍機

スピットファイアMk5　一一〇〇キロ

となっている。

これに落下タンクを装着して、おのおの三割～四割増といったところであろうか。

こうして見ると、スピットはこの任務にはまったく向かず（増加のタンクを付けても最大で一八〇〇キロ程度）、美しいスタイルを誇り、英仏海峡の空の王者であったこの戦闘機は思わぬ弱点をさらけだす。

P－38、P－47はタンクを付ければ、P－38Jで四二〇〇キロ、P－47は三二〇〇キロとなり、いずれも航続距離としては一応十分なものとなる。

地図を調べてみるとロンドン～ベルリン間は直線距離で一四五〇キロである。となるとドイツ上空での空戦を考えて、最低でも三五〇〇キロの航続性能が必要である。

双発の単座戦闘機P－38は十分な航続力を有しているものの、空戦性能からいってBf109、

Ｆｗ190に太刀打ちできない。

そこでノースアメリカンＰ－51マスタングの登場となる。

味方の爆撃隊からは〝Little Friend〟と呼ばれたマスタングは、最大三五五〇キロを飛べたので、決して十分とはいえなかったがＢ－17、Ｂ－24のエスコートとしてドイツ本土まで行くことが可能であった。このため一躍ヨーロッパ・ウエストフロントのエースとなったのである。

鈍重な重爆撃機を護衛して敵地深く進攻する長距離戦闘機こそ、第二次大戦における空の花形といえるであろう。

大戦初期には日本海軍の零式艦上戦闘機が、後半には米空軍のマスタングが、この役割を見事に果たした。

結局のところ大戦後半の西部戦線の空中戦分析は、Ｐ－51対Ｆｗ190、Ｂｆ109の戦いにつきるといえよう。

英空軍の重戦闘機ホーカー・タイフーン、テンペストの嵐シリーズも、最大航続距離がそれぞれ一六〇〇、一八〇〇キロ（いずれも落下タンク付き）では英本土～フランス上空の往復がせいぜいで、主戦場たるドイツ上空へ出撃することはできなかった。

ここで各戦闘機の性能の目安となる三つの数値を比べてみよう。

	速度	馬力荷重（指数）	翼面馬力（指数）
○米軍機			
P－38	六六六キロ／時	八八	九四
P－47	六八七キロ／時	九一	八〇
P－51	七一一キロ／時	九三	七七
○英軍機			
スピットMk9	六五七キロ／時	一一六	七六
タイフーンMk1B	六五八キロ／時	八七	七三
テンペストMk5	六七八キロ／時	九八	七九
○ドイツ軍機			
Bf109G	六八五キロ／時	一二五	一一一
Fw190A	六六〇キロ／時	一一八	一一五

この数値から見ると、一九四三～四五年のヨーロッパ戦線に登場する戦闘機の性能はほぼ互角である。

たとえばP－51マスタングをのぞいては、Vmax（最大速度）がすべて六五〇～七〇〇キロ／時の間に入っている。

マスタングが七〇〇キロ／時を超えているのは、見てわかるとおり翼面馬力（最大出力を翼面積で割ったもの。最大速度の関数である）が大きいからではなく、層流翼を中心とした空気力学の結果であった。

一方のドイツ空軍の主力戦闘機は、戦争前から就役していたメッサーシュミットBf109シリーズとFw190Aであった。

もっとも英空軍の主役も相変わらずスピットファイアである。

Bf109とスピットファイアは、改良につぐ改良によって性能は大きく向上している。これはエンジン出力と最大速度を見ていればよく理解できる。

Bf109E	一一〇〇馬力	五七〇キロ／時
Bf109G	一八〇〇馬力	六八五キロ／時
増加率	一六四%	一二〇%
スピットMk1	一〇五〇馬力	五六八キロ／時
スピットMk21	一八二〇馬力	七一六キロ／時
増加率	一七一%	一二六%

これらの数値から判断するとわが零式艦上戦闘機の性能向上の幅はわずかである。

零戦二一型	九四〇馬力	五三三キロ／時
零戦五二型	一一三〇馬力	五六五キロ／時
増加率	一二〇%	一〇六%

こうして見ると、零戦は〝優秀ではあるが小さくまとまった〟戦闘機という評価を免れることはできない。

しかし米・英連合軍が一九四四年六月ノルマンディに上陸するまでは、航続距離の長い戦闘機でなければ存在価値はほとんどなかった。この点を再度調べてみよう。

お断わりしておくが、航続距離のデータはいろいろな要素によって大きく変わり、〝絶対的な値〟ではない。一応の目安と考えていただきたい。

	標準	最大	指数
○米軍機			
P-38	一七〇〇キロ	四二〇〇キロ	一〇九
P-47	二七六〇キロ	三二〇〇キロ	八五
P-51	一九三〇キロ	三五五〇キロ	八九
○英軍機			
スピット9	一〇六〇キロ	一七三〇キロ	六六
タイフーン1B	一二六〇キロ	一六〇〇キロ	六二
テンペスト5	一三〇〇キロ	一八二〇キロ	七三
○ドイツ軍機			
Bf109G	七一〇キロ	九六〇キロ	五四
Fw190A	八〇〇キロ	一一二〇キロ	五七

となる。

航続距離が大きいということは、ドイツ戦闘機のようにもっぱら迎撃機に使うとすれば、滞空時間が長い、ということでもある。この点からBf109、Fw190は完全に落第で、少なくとも二倍の航続力がほしいところである。

この当時の平均的な戦闘機の総重量は三・五〜四・五トンであり、そのうち燃料は六〇〇〜一二〇〇リットル（〇・五〜一・一トン）となる。この搭載量が半分になれば（航続力／滞空時間が半減ということ）総重量は〇・八トンも軽くなる。これは平均総重量四トンの二〇パーセントにあたるから、航続力が半分の戦闘機は同じエンジンを付けたものより一〇〜二〇パーセント性能向上となっていなければならない。

こうなるとBf109G、Fw190Aの全般的な性能はマスタングを大きく凌ぐ必要があった。この点、アメリカの航空技術は一九四三年ごろから一挙に進歩し、日本、ドイツはもちろん、イギリスさえも置き去りにして進みはじめた状況がわかる。その証拠が、戦闘機ではP－51マスタング、爆撃機ではボーイングB－29であろう。

ドイツはこの事実を読みとって、Fw190Aの代わりに液冷エンジンを装備したFw190D（長っ鼻。一二四〇馬力、最大速度六八八キロ／時）を、一九四四年の初めから登場させた。

しかし戦後の英空軍の公式テストにおいて、このFw190Dの性能はP－51Dとはほぼ同等と評価されている。それが事実とすれば、Fw190Dの航続距離はわずか八四〇キロ（標準）なので、P－51Dの一九三〇キロ（同）と比較すると、どちらの設計がより優れているか一目瞭然であって、ただただアメリカの航空技術に脱帽するばかりである。

さて、この戦線に登場した重戦闘機にスポットをあててみよう。ここでは、双発戦闘機および複座戦闘機は除いておく。

第二次大戦における重戦闘機（この言葉自体が現在では死語になりつつある）とはどのような機種をいうのであろうか。まず挙げられるのは、

米国　リパブリックP－47サンダーボルト
　　　グラマンF6Fヘルキャット
　　　ボートF4Uコルセア
英国　ホーカー・タイフーン
　　　ホーカー・テンペスト

である。

なぜなら単発、単座戦闘機で総重量が五トンを超えるものは、この五種だけでしかない。

	自重	総重量
P－47	四・五四トン	六・六一トン
F6F－5	四・一八トン	五・七八トン
F4U－4	四・二四トン	五・六九トン
タイフーンMk1B	三・九六トン	五・〇三トン
テンペストMk5	四・〇五トン	五・一八トン

これらと比較して他の重戦（？）は

独　Fw190A	三・一八トン	四・四二トン
日　四式戦	二・六八トン	三・七五トン

日　紫電改　　　　　　二・六四トン　四・〇〇トン
ソ　La－7　　　　　　二・五五トン　三・四〇トン

といずれも一～二トンも軽い。とくにP－47サンダーボルトの総重量は六・六一トン。日本陸軍の九九式双発軽爆撃機の総重量が六・〇五トンだから、まさに爆撃機より〝重い〟戦闘機である。P－47は直径四メートルのプロペラを出力二三〇〇馬力のエンジンでブン回し、重い機体を大馬力で強引に引っ張る設計となっている。

このような戦闘機の空戦性能はどんなものであろうか。

高空からの急降下攻撃ならいざ知らず、ドッグファイトとなったら、やはりかなり苦しくなるはずである。また上昇力は最良でも六三〇メートル／分で、マスタングの九五〇メートル／分に遠く及ばない。このことは爆撃機の護衛としては、いったん急降下して敵を追うと、すぐには戻れないので落第である。

しかし、それが対地攻撃となるとP－47の能力は目を見張るものがある。

八梃を装備している一二・七ミリ機関銃（携行弾量もマスタングの五〇パーセント増）と九〇〇キロまでの爆弾、それに加えてD型では八基のロケット弾を有効に使って、その名のとおり地上の敵に〝雷〟を落とす。

前述の九九双軽の爆弾搭載量はわずかに三〇〇キロ、九七式重爆撃機（キ二一）でも七五〇キロ（最大一〇〇〇キロ）である。このサンダーボルトは、第二次大戦に日本陸軍が装備していた重爆撃機をも上まわる能力をもった戦闘機といえるのであろう。

なおP－47は純粋な戦闘機としての素質も備えていた。機体の軽量化をはかり、エンジン出力を二八〇〇馬力とした試作機型XP－47Jは、テスト時に八一一キロ／時を記録している。このスピードはプロペラ機としての頂点の値といえる。

さて戦闘機を設計するさい、重戦闘機が良いか、軽戦闘機が良いか、という第二次大戦以前から存在する議論は現在でも続いている。

現用機を例にとれば、

F－16ファイティングファルコン　推力一二・三四トン、重量一〇・一トン

は軽戦に属するのであろうし、

F－15イーグル　推力二二・六八トン、重量一八・二トン

は重戦と呼ぶべきである。

現在、世界最強の空軍を有するアメリカが、機種の統一をせず、重戦、軽戦の両方を配備していることから、前述の議論の結論はいまだ出ていないようだ。

一時米海軍（海兵隊も）、米空軍ともマクダネル・ダグラスF－4ファントムⅡを装備した事実から、アメリカ軍の戦闘機は機種統一がなされた。そしてF－4は重戦指向が強いが、格闘戦も可能な万能戦闘機であった。

これが再び軽・重戦に分離したという事態は、やはり一機でどんな任務にでも使える軍用機は存在しない、という証明であろうか。

第5章
第二次大戦の最優秀戦闘機は？

最優秀戦闘機・その1

一九三二年（昭和七年）から本格化した日中戦争を含めれば、第二次世界大戦は一〇年以上続いた長い長い戦争であった。

そして人間の造り出したもっとも性能の優れた飛行機械である戦闘機は、この戦争のあらゆる戦線に登場している。戦闘機の種類は、小さく分ければ数百種、大別しても五〇種に達するであろう。

このなかから〝もっとも優れた鉄の鳥〟を選定してみよう。

〝第二次大戦の最優秀戦闘機は？〟という課題に対する興味は、すべての航空マニアがもっている。そして、この状況は洋の東西を問わない。

一例を挙げれば、終戦後わずか五年目に発行された米国の『ライフ』誌にこの題の記事が見られる。また日本のいくつかの航空雑誌にも同様の記事が掲載され、十分に納得できる結論が紹介されている。

それらを踏まえた上で、完全にデータ分析に徹して本書独自の結論を追及して行こう。戦闘機にとって重要な事柄を再度列挙する。

○強力な火力と十分な防御力
○高速度および加速力
○高運動性、とくに上昇力と旋回性
○長大な航続力
○簡単な生産性

しかしこの各項を完全に満足する戦闘機など、絶対に存在しない。したがってもう少し各項目をしぼってみると、

○火力（攻撃力）
○速度
○旋回性
○航続力

となる。

ときによってはこの航続力を——空中戦時の性能に直接影響を与えないので——省くこともあるようだ。

けれども航続性能を大きくするのは、そのまま重量の増加（これに伴う性能の低下）に結びつくので、設計技術の良否という点からは必ず言及すべき事柄である。

ここで、これらの項目を、各国の戦闘機設計者がどのように重視していたか、ということからまとめてみよう。まず〈表1〉〈表2〉を見ていただきたい。表は大戦初期の設計思想

と、戦争後半の思想に分けている。

米国以外の各国は、最初いずれも軽戦闘機指向であったが、戦闘の経過によって次第に重戦闘機指向へと変わって行く。そして戦闘機自体も、大型化していくのである。しかし、これらがすべて成功しているわけではなく、再び運動性の良い小さな戦闘機も必要となる。この軽↓重↓軽重混用の過程は、現在のジェット戦闘機についても同じことが言えそうである。

それでは実質的なデータの分析に入ろう。

まず第二次大戦の各国の代表的な戦闘機一四種をピックアップしてみる。

その内訳は、

日本海軍　零戦、紫電改
日本陸軍　飛燕、疾風
米国海軍　Ｆ６Ｆ、Ｆ４Ｕ
米国陸軍　Ｐ－47、Ｐ－51
英国空軍　スピット９、テンペスト
独空軍　Ｂｆ109、Ｆｗ190期
ソ連空軍　Ｙａｋ－９、Ｌａ－７

である。

いずれも主要交戦国の大戦後半のエースたる戦闘機ばかりであり、この選択について、ほ

表1 第二次大戦初期の戦闘機仕様要求の概要

	火力	速力	旋回性	航続性	生存性	備考
日本海軍	小・中	中	大	大	小	火力の項：小は96艦戦、中は零戦
日本陸軍	小	中	大	大	小	九七戦、一式戦とも同様
米海軍	中	中	中	中	大	F2A、F4Fとも同様
米陸軍	大	中	中	中	大	P-40
英空軍	大	中・大	大	小	中	速力の項：中はハリケーン、大はスピットファイア
独空軍	中	大	小	小	中	Bf109
ソ連空軍	中	中	小	小	中	I-16、Yak-1
仏空軍	中	中	中	小	小	MS406、D520
伊空軍	小	小	中	大	小	G50、MC200

表2　第二次大戦中期以降の戦闘機仕様要求の概要

	火力	速力	旋回性	航続性	生存性	備考
日本海軍	大	中	中	中	中	紫電改
日本陸軍	中	中	中	中	中	四式戦
米海軍	中	大	中	大	大	F6F、F4U
米陸軍	中・大	大	中	大	大	速力の項：中はP-51、大はP-47
英空軍	大	中	中	小	中	タイフーン、テンペスト
独空軍	中	中	小	小	中	Bf109後期型、Fw190
ソ連空軍	中	中	小	中	中	Yak-3、La-7

とんどの航空マニアには納得してもらえるはずである。

開戦後一ヵ月にして降伏したフランス空軍機は、その実力が明確でないので、取り上げていない。イタリア空軍機もはっきりした戦闘記録がなく、省かざるを得なかった。

また米軍のロッキードP－38ライトニングは当然記載すべきものであるが、双発戦闘機ということで除外した。

各項目の記号のもとになっている数式については、これまで何度となく掲載してきたので、くり返さない。また個々の数値については、すべて指数化してあるので、年少の読者にも容易に理解できると思う。

次に〈表3〉は最優秀戦闘機の能力順位表である。これは、

①攻撃力（火力）
②速度性能
③旋回性能
④航続距離性能
⑤総合性能
⑥生産効果判定
⑦設計良否判定

の七項目を比較している。

このなかで、

⑤項は①～④項までの総合。

⑥項は、総合性能（指数）を機体重量で割ったものである。

この意味するところは、同じ性能の機体なら、軽い方が製造の手間もかからず、また資材の量も少なくて済む、という視点に立っている。

これについては詳しく後述する。

⑦項の設計良否判定とは、低出力のエンジンしか入手できない場合でも、いかに高性能の機体を設計したか、というデザイナーの手腕を指数化している。

このほかに比較する項目としては、被弾対策（装甲板、防火設備）判定がある。現在使われている言葉では生存性（Survivability：被弾したあと生き残れる割合）である。

この点については米軍機の設計が圧倒的に優れている。厚い装甲板、優れた自動消火システムなど、他の国々の戦闘機にはない、幾つかの装備が見られる。

しかし、これを数値で表わすことは難しく、今回は考慮しなかった。

また各システムの機械的信頼性、機上無線装置の性能、射撃照準器の能力などについても算入できなかった。

さて、それではいよいよ〈表3〉を見て行くことにしよう。

攻撃力（火力、装備機関銃・砲の威力）を比較する場合、結果ははっきりと表われる。

最強力なものは

Ｐ－47サンダーボルトの一二・七ミリ機関銃×八梃となる。

表3　第二次大戦における戦闘機の能力順位（　）内は指数

順位	攻撃力（武装威力）	速度性能	旋回性能	航続性能	総合性能
1	P-47D サンダーボルト（183）	P-51D マスタング（133）	零戦52型（92）	F4U-1 コルセア（102）	紫電改（110）
2	紫電改（144）	P-47D サンダーボルト（129）	スピットファイア Mk9（83）	P-47D サンダーボルト（95）	スピットファイア Mk9（99）
3	スピットファイア Mk9（144）	テンペスト Mk5（127）	紫電改（82）	F6F-5 ヘルキャット（91）	零戦52型（90）
4	テンペスト Mk5（144）	ヤコブレフ Yak-9（125）	四式戦 疾風（79）	P-51D マスタング（89）	P-47D サンダーボルト（87）
5	F6F-5 ヘルキャット（138） F4U-1 コルセア（138） P-51D マスタング（138）	ラボーチキン La-7（125）	ラボーチキン La-7（75）	零戦52型（88）	四式戦 疾風（80）
次		スピットファイア Mk9（124） フォッケウルフ Fw190A（124）	メッサーシュミット Bf109F（73）	三式戦 飛燕II型（86）	P-51D マスタング（77）

表3　つづき

順位	1	2	3	4	5	次
生産効果	零戦52型 (80)	スピットファイアMk9 (71)	紫電改 (70)	ラボーチキンLa-7 (52)	四式戦疾風 (50)	ヤコブレフYak-9 (50)
設計良否	零戦52型 (75)	スピットファイアMk9 (62)	紫電改 (57)	三式戦飛燕II型 (45)	P-51Dマスタング (43)	ヤコブレフYak-9 (39) ラボーチキンLa-7 (39)

数値は一二・七×八1＝一〇二（ミリ換算）。ホーカー・ハリケーンにも機関銃八梃装備型が存在するが、口径は七・七ミリである。サンダーボルトと比較すると、七・七ミリ×八＝六二（ミリ換算）で、その威力はP－47の六割でしかない。

第二位としては、第二次大戦後期の戦闘機の標準的な武装となった二〇ミリ×四＝八〇（ミリ換算）で、これは紫電改、スピットファイアなどに見られる。

第三位はアメリカ陸海軍戦闘機の一二・七ミリ×六＝七六（ミリ換算）であろう。

ここでひとつの課題が生まれる。

一二・七ミリ×六梃＝七六　指数一三八

二〇ミリ×四梃＝八〇　指数一四四

のどちらの装備がより良いか、というものである。

この課題は第二次大戦中だけではなく、戦後のジェット戦闘機の時代にも引き続いて残ることになる。

簡単に答えるとすると、

○対戦闘機戦闘には発射速度の速い一二・七ミリ

○対地攻撃も考慮するなら二〇ミリが有効

と言えるだろう。これ以外のものでは航空機搭載用大口径機関砲としては三〇ミリ砲が、いくつかの戦闘機（たとえばメッサーシュミットMe262など）に装備されている。しかし対戦闘機戦闘では発射速度が遅く、高い命中率は期待できないので除外した。

次の項目は最大速度（Maximum Velocity：Vmax）である。

最高速戦闘機は間違いなくノースアメリカンP－51Dと断定して良い。Vmax（最大速度）が七〇〇キロ／時（もちろんクリーンのコンディションであろう）を超えるものは〝大空を駆ける野生馬〟だけのようである。

空中戦の場合、最大速度が大きいことはとくに有利な要素ではない。しかしくVmaxが大きい戦闘機は巡航速度（Cruising Velocity：Vc）も高く、きわめて効率の良い運用が可能である。

第二位はサンダーボルト、三位はテンペストだが、これら二者はエンジンの大出力だけに頼っており、とくにレベルの高い設計とはいえないようだ。

三番目の項目は旋回性能である。

航空機の旋回能力は荷重倍数をnで表わせば、

$$n = \frac{1}{2} C_{L} \rho V^2 \cdot \frac{1}{W/S}$$

という数式で示される。

本書は航空工学の教科書ではないので数式の説明は行なわないが、旋回性能は翼面荷重の大小と深くかかわっていることが、この式からわかる。

大戦後半は格闘戦を得意とする戦闘機が減り、一撃離脱（Hit & Run）戦法が主流となった。しかし低空における空中戦となったら、やはり旋回性能が重要である。

また攻撃する場合は一撃離脱戦法に徹しても良いが、突然敵に襲撃されたときには急旋回でかわさざるを得ない。

旋回性能の良いのはやはり零戦、スピットファイアである。

三位、四位に紫電改、疾風が入っているから、日本の設計者としては重戦闘機においても旋回性能を良くしよう、と考えていたことがわかる。

日本機の場合、水銀の圧力増加を利用した空戦用自動フラップが装備されていたので、実際の旋回性能はデータ以上に良好であった。

航続性能については一九四〇〜四二年のあいだ日本軍機（とくに海軍機）は世界のトップにあった。落下式燃料タンクを装備した零戦二一型の行動半径は軽く一〇〇〇キロを超え、まさに太平洋狭しと暴れまわった。

このころヨーロッパで戦っていた英、独、仏、伊、ソ連の戦闘機の行動半径は五〇〇キロに達していない。強烈な加速力を誇ったメッサーシュミットＢｆ109も、軽快な運動性をもつスピットファイアも航続性能は零戦の三五〜四〇パーセントしかない。

「ヨーロッパは狭い。だから戦闘機の航続力はこの程度で良い」と考えていた西欧の戦闘機デザイナーの自己満足は、開戦初頭から見事に打ち破られた。

その好例がバトル・オブ・ブリテンにおけるＢｆ109Ｅに表われている。敵地上空での滞空時間が一〇〜一五分程度では、戦闘機はその能力をまったく発揮できない。

この点、太平洋戦争初頭における日本の勝利は、かなりの部分が零戦に——それも同機の航続力に——依存している。

しかし、一九四三年になるとアメリカは、長い航続力を有する新鋭戦闘機を続々とデビューさせてくる。Ｆ４Ｕ、Ｆ６Ｆ、Ｐ－47、Ｐ－51の陸海軍の主力戦闘機すべてが、大きな落下タンクを装備できるように設計されていた。

その結果は目をみはるばかりで、陸軍機であるノースアメリカンＰ－51などは東京から一一〇〇キロ離れた硫黄島からやってきた。そして空戦し、一一〇〇キロの洋上を再び戻って行く。

それでは、世界最大の航続力を誇った零戦二一型と、このＰ－51マスタングを比較してみよう。

	標準	最大
零戦二一型	二四五〇キロ	三一一〇キロ
Ｐ－51	一九三〇キロ	三〇五〇キロ

となり、Ｐ－51はほぼ同じ航続力をもつ。最大距離がほぼ等しくなっているのは、零戦の一個に対しマスタングは二個の落下タンク（容量は三倍）を装備しているからである。

これに対し、落下タンクを付けてもイギリスのスピット、ドイツのＢｆ109、Ｆｗ190の航続力は最大でも零戦、マスタングの六〇パーセント程度であった。

この点に関しては、日米のみが他の国を凌駕していたと断言して良いであろう。
次の総合性能は、前述のとおり一～四項の各指数を乗じたものである。そしてその結果は意外なものとなった。

一位　紫電改　指数一一〇
二位　スピットファイアMk9　指数九九
三位　零戦五二型　指数九〇
四位　P-47　指数八七
五位　疾風　指数八〇

そして次点がP-51マスタング（指数七七）である。
ここでお断わりしておくが、この結果は〝空中戦でどの戦闘機が強いのか〟というものではない。〝どの戦闘機がいわゆる万能戦闘機に近いのか〟を示しているにすぎない。
P-51が万能戦闘機の頂点に立てなかった理由は、
◯開発期間が極めて短かったために、重量軽減が完璧に行なわれたとはいえない。ともかくP-51は「重すぎる駄作機」といわれたカーチスP-40より一五パーセントも重い
◯胴体タンクの容量が少なく、標準航続距離がそれほど大きくない（実際面では落下タンク装備で支障はなかった）。しかしこの比較表では落下タンクなしの状態で比べている
などによる。
一方、紫電改は——日本の航空マニアにはマスタングほど評価されていないが——素晴ら

しい戦闘機であった、と筆者は考える。

戦闘機の運動能力を評価するための要素を一つだけ挙げるとすれば、それは馬力荷重であろう。

紫電改の馬力荷重は一・四五キロ／馬力（指数一二三）で、一部の軽量ソ連戦闘機を除けば極めて小さい。自重で二五パーセントも軽いメッサーシュミットBf109Fよりも、もっと小さいのである。

そして強力な四梃の二〇ミリ機関砲、マスタングに匹敵する航続距離。

陸軍の四式戦疾風も馬力荷重は紫電改とほぼ同じだが、火力（一一八対一四四）、航続距離（一二〇〇対一七二〇）と他の性能は劣っている。

一九四五年初春から配備が開始された紫電二一型（紫電改）に、高性能の無線通信器とオクタン価の高い純良なガソリンを用意したら、第二次大戦最高の戦闘機になり得たのではないか、と推察される。

一九四五年三月十九日、七二機の紫電改が自軍の損失一六機で、F4U、F6Fなどの米海軍戦闘機と爆撃機四〇機以上を撃墜した松山上空の空戦結果は、決して偶然の勝利ではない。

紫電改の実力は、少なくともフォッケウルフFw190と同等（航続力を考慮すればそれ以上）と考えるべきである。

次に二位となったスーパーマリン・スピットファイアMk9について述べよう。

スピットファイアの主な量産型はMk1、2、5、9と登場してくるが、Mk9ころからは少しずつエンジンのパワーアップと航続性能向上の努力が見えはじめる一九四二年後半から、やっと落下タンクも装備できるようになり（これでも日本海軍と比べて五年以上遅れている）航続力の延伸がはかられた。Mk1、2、5程度の航続力では、スピットファイアは当然ランク入りできなかったはずである。

しかしMk9になってからは二〇ミリ四梃の武装と、良好な運動性で点数を稼ぎ、二位に食い込んでしまった。

さて、生産効果、設計良否も含んで、より詳しく「第二次世界大戦における最優秀戦闘機はなにか?」という難しい課題に挑んでみよう。これには新しい採点方法を取り入れ、あくまで数値によるベストワンを選定してみたい。

最優秀戦闘機・その2

いままでは最優秀戦闘機の評価を、主として飛行性能の面から行なった

それらは

◯攻撃力（火力）
◯速度性能
◯旋回性能

○航続性能
であり、またこの四項目を乗じた〝総合性能〟にも触れてみた。

ここではこれらの飛行性能だけではなく、生産効果（量産効果）および設計良否判定という二つの新しい比較方法を述べる。

まず前者の生産効果（比、あるいは指数）について説明しよう。

第一次、第二次大戦の勝敗を決定した最大の要素は、互いの国家の生産力である。これは究極兵器である原水爆を除いて、唯一絶対の勝利の源と言ってもよい。局地戦では、小兵力が大敵を破る例も多々あるが、大戦争では生産力の大小が最終的な勝利の行方を決定する。双発の主力爆撃機（九七重爆、九六陸攻、一式陸攻）を合わせてやっと一万機程度生産した日本と、四発の重爆撃機を三万機そろえたアメリカが戦えば、勝ち負けははじめから明白である。

戦闘機についても同じことが言える。まず生産量、そして次に質の問題となる。この二つの事柄を一つの数式から導きだそうとしたのが、生産効果指数である。

これには次のような基本的な条件が含まれている。
①生産に要する手間（工数）、資材の量は機体重量に比例する。
②総合性能を機体重量で除した値が、単位重量あたりの性能数となる。
この二つの項目をもう少し詳しく説明しよう。

まず①について、

もっとも重い戦闘機リパブリックP－47は、自重四・五四トンである。一方軽い方の代表たる零戦（二一型）の自重は一・六トンで、P－47Dの三七パーセントでしかない。したがって、製造に要する工数および材料も約四割で済むのである。同じ戦闘機といっても、その差はきわめて大きい。

②について、

たんに機体重量だけを見ても、それは前述のとおり資材と工数だけの比でしかない。せっかく、これまでに総合性能を手間ヒマかけて算出してきたのだから、それを含めて新しい方程式を生みだそう。

これは簡単な式、

$Z = T/D$　　T：総合性能
　　　　　　D：自重

（いずれも最終的には指数化）

で表わされる。

しかしTには多くの数値が含まれていて、式を再展開してみると、

$$Z = \frac{a \cdot N \cdot V_S \cdot R \cdot Y_K}{D \cdot B_K \sqrt{Y}}$$

となる。したがって、出てくる数値（指数）がかなり重要な意味をもってくることがわかるはずである

どうも話がまた難しくなってしまった。スティックとフットバーを大きく動かし、元のコースへ戻ろう。

ともかく②は重量あたりの性能数値と考えていただければよい。一言で説明すれば、できるだけ軽量で、性能の高い戦闘機ほど大きな数値が得られるわけである。

こうなると全般的には軽戦闘機が有利となって、零戦とスピットファイアが上位を占める。またこの指数に重量を必要とする防弾装備の評価がないことも、P‐47などに不利に働いている。

興味深い点は、ここにも日本海軍の重戦闘機、紫電改が顔を出していることである。日本の設計者は、いかなるタイプの戦闘機をデザインするときにも、重量軽減に重点をおいていたようだ。

また別な見方をするなら——もし日・米の生産力が同一であったとしたら——日本は零戦を最後まで造り続けるべきであった、ということもできる。零戦五二型とグラマンF6Fヘルキャットをこの方式によって比較してみると、

	A	B
零戦	一	一〇〇
ヘルキャット	二・五〇	二四

（A：単純な自重比較、B：生産効果指数）となる。

したがって、五二型の性能がF6Fより多少劣っていても、理論上の生産数にこれだけの

差があれば、勝利は日本側にころがり込んだはずである。しかしアメリカの実際の生産力は日本の八〜一〇倍あったのだから、「重く強力な戦闘機を大量に製造」されることになってしまった。

この生産効果の評価のなかで、もう一つの機体に触れておきたい。それはソ連空軍最良の戦闘機ラボーチキンLa－7である。このLa－7は本書にすでに何回か登場している。特に高性能の戦闘機というわけではないが、全般的にきわめて優秀な、万能タイプのファイターであったと考えられる。〈表3〉においても、速度性能（五位）、旋回性能（五位）、生産効果（四位）となっている。

それまでのソ連戦闘機は、なにかしら特徴を備えてはいるものの、操縦性は低く、優れたファイターといえるものはなかった。それがLa－7（およびYak－9）になってやっと第二次大戦時の標準戦闘機というものに成り得た感がある。

ドイツ空軍としてはLa－7、Yak－9が相手では、Bf109系では不利、Fw190でやっと対応できる、といった状況になりつつあった。この点からもドイツの敗色は濃厚になっていた。

第二次大戦中のソ連戦闘機に関する研究は進んでいないが、そろそろドイツ機一辺倒を打ち切って、この分野を勉強する必要がありそうである。

次に設計良否指数の評価に移ろう。これは総合性能をエンジン出力で割ったものである。これだけの説明ではわかりにくいので、より詳しく述べると、

①ある戦闘機について、いかに少ないエンジン出力で、高い性能を発揮しているか
②①より戦闘機設計者の技量、ひいてはその国の航空機設計技術の評価
となる。

もちろん各国の戦闘機は、同じ出力のエンジンで設計されるわけではない。大馬力エンジンを造り出すこと自体もまた競争である。

しかしここでは一応、エンジン出力一馬力あたりの総合性能数を指数化して掲げてある。

またこれらの数値は、天才的な戦闘機デザイナーたち、例えば、

○零式艦上戦闘機の堀越二郎
○Ｆｗシリーズのクルト・タンク
○スピットファイアのレジナルド・ミッチェル
○Ｐ－51マスタングのエドガー・シュミード

への讃辞とも言える。

それでは具体的な数値を挙げていこう。

この項ではやはりエンジン出力の小さい戦闘機が有利になる。わずか九四〇馬力付きの零戦二一型と比較して、二三〇〇馬力のＰ－47Ｄは二・四五倍の総合性能をもたなければ同一の値とならないからである。

設計良否指数でもっとも優れているのは――航空マニアならばある程度予測できるとおり――零戦である。それも初期のタイプである二一型で、この機体ほど小さなエンジンで高性

能を発揮している戦闘機はない。これと比較すれば零戦の後期型（五二型）でさえ大きく劣る。それでも表に載っている一五種の戦闘機のなかではトップの座を占める。

二位のスピット、三位の紫電改も出力に対して高い性能をもっている。

少々残念なのはP－51マスタングで、五位に入っているが、もう少し重量軽減に努力すれば一気に上位へ食い込んだであろう。しかし現実問題として、ドイツ防空戦闘機の活動によって、味方のB－17、B－24重爆に大損害が続いており、一刻も早く実戦に送りだすことが必要だった。

この設計良否は、このあとにくる総合順位には取り入れていない。理由は前述のとおり、エアコンバットはスポーツと異なり、同一の条件で戦われるものではないからだ。敵よりも強力な発動機を装備した戦闘機を送りだすことこそ、その国の技術陣の義務なのである。

さて、ついにすべての項目を含んだ総合順位を示すときがきたようだ。まず〈表4〉の総合順位表をご覧いただきたい。例によって、

○攻撃力（火力）
○速度性能
○旋回性能
○航続性能○生産効果

の五項目を考える。これが戦闘機の性能の大部分をカバーしていることは、読者の方々もご存知のはずである。一四機種の戦闘機について、各項目の指数の大きい（多い）方から、

表4　主力戦闘機の総合能力順位表（戦闘力得点(1)は航続性能除外、(2)は算入）

		攻撃力	速度性能	旋回性能	航続性能	生産効果	戦闘力得点(1)	戦闘力得点(2)	合計得点	総合順位
日本海軍	零戦52型			6	2	6	6	8	14	3
〃	紫電改	5		4		4	9	9	13	4
日本陸軍	三式戦 飛燕2型				1			1	1	
〃	四式戦 疾風			3		2	3	3	5	
米海軍	F6F-5 ヘルキャット	4			4		4	8	8	
〃	F4U-1 コルセア	4			6		4	10	10	次
米陸軍	P-47D サンダーボルト	6	5		5		11	16	16	1
〃	P-51D マスタング	4	6		3		10	13	13	4
英空軍	スピットファイア Mk9	5	1	5		5	11	11	16	1
〃	テンペスト Mk5	5	4				9	9	9	
独空軍	メッサーシュミット Bf109F			1			1	1	1	
〃	フォッケウルフ Fw190F		1				1	1	1	
ソ連空軍	ヤコブレフ Yak-9		3			1	3	3	4	
〃	ラボーチキン La-7		3	2		3	5	5	8	

一位に六点、二位に五点、……六位（次点）一点という具合に点数を与える。七位以下はすべてに点数をつけない。

また上欄の項目のうちの戦闘力得点(1)には、空中戦（エアコンバット）だけの能力として航続性能を外してある。どれだけの距離を飛行できようと、空中戦の能力には直接関係ないからである。しかし前章で詳しく触れたように、長距離飛行能力は戦闘機にとってきわめて重要である。したがって、戦闘力得点(2)ではそれを算入して計算してある。それでは最終結果を述べよう。これを〈表5〉に示す。

第一位は重戦の代表たるリパブリックP－47サンダーボルトと、零戦とともに軽戦の代表たるスピットファイアが分けあった。得点は偶然にも――複雑な計算をくり返した結果である――ともに一六点。

第三位に一四点の零戦五二型が入った。

四位、五位はこれまた同点（一三点）で、紫電改とマスタングが分けあうことになった。

また戦闘能力得点（空中戦での強さ）は(1)、(2)とも表のような結果となった。これらを考察すると、(1)、(2)、総合順位の各項のすべてに顔を出している戦闘機はわずかに四機種だけであることがわかる。

日本　川西・紫電改

英国　スーパーマリン・スピットファイア

表5　最終結果（　）内は得点の数

順位	戦闘能力(1)	戦闘能力(2)	総合順位
1	P-47D(11)	P-47D(16)	P-47D (16)
2	スピットMk9(11)	P-51D(13)	スピットMk9
3	P-51D(10)	スピットMk9(11)	零戦52型(14)
4	紫電改(9)	F4U-1(10)	P-51D (13)
5	テンペストMk5(9)	紫電改(9) テンペストMk5(9)	紫電改
次点	零戦52型(6)	零戦52型(8) F6F-5(8)	F4U-1(10)

米国　リパブリックP－47サンダーボルト、ノースアメリカンP－51マスタング

これに次点の項（六位）までの戦闘機を入れると、日本の三菱零式艦上戦闘機が加わる。

第二次大戦の最優秀戦闘機としては、この五種が浮かび上がった。読者の方々の考えておられた結論と一致したであろうか。

四〇年ほど前にある航空雑誌の誌上で、専門家数名による同じテーマに関する座談会が行なわれた。その結果選ばれた戦闘機たちは、

◯大戦前期　スピットファイア、零式艦上戦闘機

◯大戦後期　P－51マスタング、フォッケウルフFw190であった。

筆者は零戦、スピット、マスタングの三機種については全面的に同意するが、Fw190は省くべきだと考える。熱烈なドイツ機マニアから厳重な抗議の声が聞こえてきそうな気がするが、理由は次のとおりである。

フォッケウルフFw190の空戦性能は一応の評価はできるが、航続距離（正規）が、わずか八〇〇キロでは絶対的に不足である。ほぼ同じ空中性能を有するマスタングは一九〇〇キロ（正規）とFw190の二倍以上の距離をゆうゆうと飛行可能なのである。この一言からFw190は最優秀戦闘機のカテゴリーに入れない方がよさそうである。

ところで最高の得点を挙げたP－47の評価はどのようなものであろうか。

すでに何度か記述しているが、本機は自重四・五トン、最大離陸重量六・八トンという超大型戦闘機である。一二・七ミリ機関銃八梃という強力な武装、そして二三〇〇馬力という

大馬力エンジン、まさにスーパーヘビイ級のファイターといえる。

また極めてタフで、少々の被弾などものともしない。

このサンダーボルトの頑丈さを示すひとつの事例がある。離陸滑走中に翼の下の二五〇キロ爆弾がはずれ爆発し後部胴体が消滅、操縦席が一五〇メートルも爆風でとばされた。しかしコクピットのパイロットは無傷であった。これが零戦やスピットでは、無事ではすまなかったはずである。

P-47の上昇力はエンジン出力が大きいこともあって、機体重量が大きい割にはなかなか優秀である。そして長大な航続距離も考慮に入れれば、やはり高い評価を与えるべきであろう。

少なくとも、自分が戦闘機に乗り込んで戦場に向かわねばならないとしたら、筆者はサンダーボルトを選択する。

さて第一次大戦のときと同様に、WWⅡの猛禽類についてもそれぞれの能力の順位を示しておこう。例によって零戦二一型の性能指数を一〇〇としている。

◯攻撃力の順位と指数

一位	リパブリックP-47Dサンダーボルト	一八三
二位	川西・N1K2-J・紫電改	一四四
同	スーパーマリン・スピットファイアMk9	一四四
同	ホーカー・テンペストMk5	一四四

五位	グラマンF6F-5ヘルキャット	一三八
同	ボートF4U-5コルセア	一三八
同	ノースアメリカンP-51マスタング	一三八

◯速度性能の順位と指数

一位	P-51マスタング	一三三
二位	P-47サンダーボルト	一二九
三位	テンペストMk5	一二七
四位	ヤコブレフYak-9	一二五
同	ラボーチキンLa-7	一二五
次点	スピットファイアMk9	一二四
	フォッケウルフFw190A	一二四

◯旋回性能の順位と指数

一位	零戦五二型	九二
二位	スピットファイアMk9	八三
三位	紫電改	八二
四位	中島・キ八四 疾風	七九

五位　ラボーチキンLa－7　七五
次点　メッサーシュミットBf109F　七三

◯航続性能の順位と指数

一位　F4U－5コルセア　一〇二
二位　P－47サンダーボルト　九五
三位　グラマンF6F－5ヘルキャット　九一
四位　P－51マスタング　八九
五位　零戦五二型　八八
次点　川崎・キ六一飛燕2型

◯総合性能の順位と指数

一位　紫電改　一一〇
二位　スピットファイアMk9　九九
三位　零戦五二型　九〇
四位　P－47サンダーボルト　八七
五位　四式戦疾風　八〇
次点　P－51マスタング　七七

○生産効果の順位と指数

一位　零戦五二型　七五
二位　スピットファイアMk9　七一
三位　紫電改　七〇
四位　ラボーチキンLa－7　五二
五位　四式戦疾風　五〇
同　ヤコブレフYak－9　五〇

○設計良否の順位と指数

一位　零戦五二型　七五
二位　スピットファイアMk9　六二
三位　紫電改　五七
四位　三式戦飛燕　四五
五位　P－51マスタング　四三
次点　ラボーチキンLa－7　三九
　　　ヤコブレフYak－9　三九

いよいよ次に第二次大戦のウォーバーズ、〝戦争の鳥たち〟の最優秀機のリストを示そう。もはや細かい順位にこだわらず、順位表の上位の機種名のみ列挙する。

航続力が空中戦の能力に関係しない場合、

リパブリックP－47サンダーボルト

ノースアメリカンP－51マスタング

川西・紫電改

航続力を加味すると、これに、

三菱・零式艦上戦闘機

スーパーマリン・スピットファイア

が加わる。ここでは各型の型式を考慮せず、ひとつの機種と見なしている。

ドイツ機（メッサーシュミットBf109、フォッケウルフFw190シリーズ）が入っていないのは、火力、航続力の不足のためである。

さて第二次大戦の終了とともに四〇年間にわたり〝空の王者〟であったプロペラ戦闘機も、次第に歴史のなかに消えて行く。もちろん、P－51、F8F、シーフュリー、La－7など生き残った少数のプロペラ戦闘機も存在したが、それらは結局のところ、その寿命を少々引き延ばしたにすぎない。現在生きているプロペラ戦闘機を見ることのできる国は、イギリス、アメリカ、オーストラリア、ニュージーランドそしてカナダの五ヵ国であろう。

すでに人生の大半を過ぎようとしている筆者にとって、マスタング、スピット、メッサー、零戦などは極めて親しい仲間のような気がしている。そして彼ら？　に会うために、かなりの時間と資金を投入して、前記の国を訪ねることになる。

幸いにも、アメリカのチノ、ミッドランド、イギリスのウォーンハム、ダックスフォード、オーストラリアのウイリアムタウン、カナダのアボッツフォードなどに出かければ、現在でも健在な〝猛禽類〟を見ることができる

銀色に輝きながら大気を切り裂くプロペラ音と、マーリン、アリソン、そして栄（さかえ）エンジンのビートは、今後も長く残っていくだろう。

たとえ戦争の道具であっても、プロペラ・レシプロ戦闘機はある種の人間にとって永遠のあこがれであるのだから。

第6章　航空機の装備、その他

空中戦と機関砲

この章では、これまでの戦闘機対戦闘機の比較から少し離れて、補足的な事項について論じておく。いずれも第二次世界大戦における空中戦闘に関して無視できないものである。

第一次世界大戦中から一九五〇年代の終わりまで、空中戦の主要な武器は機関砲であった。高性能のＡＡＭ（空対空ミサイル）が存在する現代にあっても、機関砲の威力は決して無視できない。

これはベトナム、中東戦争でも証明されている。また機載の機関砲弾は高速で飛翔する航空機から発射されるため、弾丸が加速され対地攻撃にきわめて大きな効果を発揮する。

ここでは第二次大戦に参加した戦闘機の搭載砲の威力を調べるとともに、どの口径の砲（銃）をどれだけ装備するのが有効か、という課題について検討してみよう。

ＷＷⅡで使用された航空用銃砲の口径は七・七ミリ（七・六二ミリを含む）から四〇ミリまでである。

他に高射砲級の大口径砲を積んだものも少数存在したが、戦闘機同士の空戦では命中はまったく期待できないので除外する。

また装備数では二梃から八梃となっている。もちろん八梃という多銃装備となれば、当然この口径は最小の七・七ミリであろう。

わずか一機種のみ一二・七ミリを搭載していた。

戦闘機対戦闘機の機動戦であれば、有利な口径は七・七、一二・七、二〇ミリの三種で、三〇ミリではかえって不利と考えられる。

これらのことを頭において、まず口径と威力の関係から調べてみよう。

〈表1〉は七・七〜四〇ミリまでの一梃あたりの威力である。この表は、

①携行弾量は考慮しない

②砲身長（口径）は考えない

③弾丸一発の威力は弾頭重量に比例する

という有効条件で作成した。

また射程も、命中しなければ意味がないので算入していない。したがって威力は命中弾量（単位時間あたりの）となり、運動エネルギー比ではない。

口径〜重量のデータはとくに問題はないはずである。

七番目の威力数は空中戦の最中、一秒間に敵機に命中する弾量を示す。

これは一秒ごとの発射速度（弾数）に一発当たりの弾丸重量を乗じたものである。七・七ミリ機関銃では、一発の重量約一二グラム、これが一分間一〇〇〇発（一六発／秒）発射される。このため一二グラム×一六発＝一九二グラム／秒が威力数となる。

表1　航空用機関銃・砲の威力

項目＼口径	記号	単位	7.7mm機関銃	12.7mm機関銃	20mm機関砲	30mm機関砲	37mm機関砲	40mm機関砲
口径	m	mm	7.7	12.7	20	30	37	40
弾丸重量	t	g	12	50	125	330	740	1100
発射速度(1)	r_1	rpm	1000	800	500	200	120	60
発射速度(2)	r_2	rps	16	13	8	3	2	1
初速度	V	m/s	750	850	700	600	580	700
重量	W	kg	12	23	30	60	180	240
威力数	i	$t\cdot r_2$	192	650	1000	990	1480	1100
威力指数	A		100	340	520	520	770	570

注　7.7mm≒7.62mm、7.9mm、12.7mm≒12.9mmと考える。数値は2～3種の平均値である

戦艦、巡洋艦などの主砲の威力の簡易算定式には、一度に発射できる〝一斉射量〟という値が用いられるが、戦闘機の場合には、この一秒あたりの弾量が目安となろう。

次に七・七ミリ×一梃（弾量一九二グラム）を一〇〇として計算したのが威力指数である。これによって口径別の機関銃・砲の威力が一目で判断可能となり、それらは七・七ミリ（指数一〇〇）、一二・七ミリ（同三四〇）、二〇ミリ（同五二〇）である。また三〇ミリ砲の一弾の威力は大であるが、発射速度が低下するので指数は二〇ミリと同じ五二〇となる。

このことは同じ指数五二〇でも、対爆撃機用には一弾の威力が大きい三〇ミリを対戦闘機用としては発射速度の高い二〇ミリを装備すべきである、という事実を示している。

事例としては、ドイツ空軍のジェット戦闘機Ｍｅ262は、Ｐ－51、Ｐ－47という戦闘機よりもＢ－17、Ｂ－24、ランカスターなどの対爆撃機用として製作されたことが分かる。

さてそれでは、これら機関銃・砲をどれだけの数、装備すべきか。

これは〈表2〉の総合威力数として表示される。

なんといっても威力指数の大きいのは、
一二・七ミリ×六梃：ほとんどのアメリカ戦闘機
二〇ミリ×四梃：後期における日・英戦闘機
である。

武装に関する限り戦争末期には、一二・七ミリ×六梃（威力指数二〇四〇、攻撃力指数一三八）、あるいは二〇ミリ×四梃（同二〇八〇、同一四四）程度の装備がなければ新鋭戦闘

表2　装備機関銃・砲の総合威力

口径×門数	威力数	威力指数	口径合計	攻撃力指数	装備航空機の例
7.7×2	384	200	15.4	28	96艦戦、97戦
7.7×4	768	400	30.8	56	ポリカルポフシリーズ、D21
7.7×8	1536	600	61.6	112	ハリケーンA翼
12.7×2	1300	680	25.4	46	隼2型、G50、MC200
12.7×4	2600	1760	50.8	92	Re2000、F4F
12.7×6	3900	2040	76.2	138	ほとんどの米軍戦闘機
20×2	2000	1040	40	72	
20×4	4000	2080	80	144	紫電改、雷電、テンペスト

注　威力数：１秒間の発射弾量（g）
威力指数：7.7㎜×１梃＝１９２g→１００とする。
口径合計：口径×数（㎜）
攻撃力指数：零戦21型→１００とする。

機の名に値しない。またいずれの算定式でも一二・七ミリ×六と、二〇ミリ×四は、ほぼ等しい威力であると算出されている。

いくら戦争初期の戦闘機といっても、日本陸軍の九七戦の七・七ミリ×二梃などはあまりに貧弱である。

もし九七戦で、カーチスP－40などと空戦をした場合、火力の差は二〇〇／二〇四〇（九・八パーセント）、口径の合計数の差一五・四／七六・二（二〇・二パーセント）と大きい。隼2型の一二・七ミリ×二梃でもアメリカ戦闘機の三分の一であるから、火力からいったら勝つことは難しい。

一方、対爆撃機戦闘においても、

陸軍九七重爆（自重約五トン、合計一九〇〇馬力）

海軍一式陸攻（自重約九・五トン、合計三〇六〇馬力）

を一二・七ミリ×六梃で攻撃する場合と、

B－17、B－24重爆（自重約一六・五トン、合計四八〇〇馬力）

を一二・七ミリ×二梃で攻撃する場合の差を考えれば、その効果の違いに溜息をつくばかりである。

しかし日本軍戦闘機も一九四四年になると二〇ミリ×四梃の紫電改、一二・七ミリ、二〇ミリ×各二梃の疾風が出現し、アメリカ戦闘機と互角以上の火力をもつまでに至る。

この事実が、日本の航空機（とくに軍用機）ファンの心に多少の救いをもたらしている。

さて第二次大戦時の航空機関銃・砲について駆け足で検討してみた。時間に余裕のある読者は、発射弾量の単位時間を変えて（たとえば一秒から一・五秒に）、その威力の変動を計算してみれば、興味は倍増すると思う。

また第二次大戦以後の機関砲については、より詳細なデータを駆使した威力数の計算が終了しているので、機会をみて公表したい。

たとえばF－86Fセイバーの一二・七ミリ×六梃とF－4ファントムの二〇ミリバルカン砲の威力の違い、加えてA－10サンダーボルトの三〇ミリスーパーバルカン砲の発射弾量など戦闘機マニアでなくとも計算結果を見てみたいはずである。

双発戦闘機の評価

これまでこの戦闘機対戦闘機は時代の流れと、各戦域ごとに区切って記述してきた。

次に少々形を変えて、WWⅡに登場した二つの機種に限って分析を進めて行こう。

まず最初は双発戦闘機で、このなかには、

日本
川崎・キ四五改・屠龍
中島・J1N1・月光
ドイツ

ユンカースＪｕ88
ハインケルＨｅ219ウーフー
メッサーシュミットＢｆ110Ｇ
イギリス
ブリストル・ボーファイター
デ・ハビランド・モスキート
ウエストランド・ホワールウインド
アメリカ
ロッキードＰ－38ライトニング
ノースロップＰ－61ブラックウイドウ
フランス
ポテーズ631
が含まれている。
第二次大戦に登場した双発戦闘機の数は少なく、主なものとしてはこれだけである。
双発戦闘機という区分はそれほど厳密なものではなく、たとえばドイツ空軍のＪｕ88は爆撃機型から派生したものである。
乗員数もＰ－38の一名からＢｆ（Ｍｅ）機の三名まで、一～三人乗りが存在する。
大きさの基準を重量にとると、Ｐ－61、Ｈｅ219などは自重が一〇トンを超えるから戦闘機とは呼び難い。

たとえば、日本陸軍の主力爆撃機九七重爆の自重が四・六トン、総重量が七・五トンとなっている。これと比較するとP－61、He219などがいかに大きな機体か、ということがわかるはずである。

しかし、これらの双発戦闘機の任務は、実質的には、

〇昼間の対爆撃機戦闘

〇夜間の対爆撃機戦闘

の二つに限定される。

主題の〝対戦闘機戦闘〟に用いられたものは、わずかに次の二機種だけである。

ロッキードP－38ライトニング

デ・ハビランド・モスキート

他の双発機はいずれも爆撃機攻撃にしか使用できなかった。

バトル・オブ・ブリテンのときにはBf110は〝駆逐機〟というよくわからない機種に分類され、スピットファイア、ハリケーンと空戦を交えたが、結果は惨敗であった。

この結果はデータを調べさえすればアマチュアでも予想できた。

三人乗りで自重五・一トン、総重量九・九トンの航空機が、自重二・三トン、総重量三・一トンの軽快な戦闘機（スピットファイアMk2）とドッグファイトして勝てるわけはない。

例えば航空マニアが、与えられたデータから計算し得る航空機の性能の目安となるパラメ

ータは、次のようなものである。

ａ　運動性、上昇力→馬力荷重
ｂ　旋回性→馬力荷重と翼面荷重
ｃ　速度→翼面馬力

これで大まかな航空機の性能は把握できる（もちろん専門の航空エンジニアからは、あまりに簡単すぎるとクレームがつきそうだが）。

この三つのパラメータで同時代の単座戦闘機と双発戦闘機を比較してみよう。

	ａ	ｂ	ｃ
Ｂｆ109Ｅ	九八	五二	六八
Ｂｆ110Ｄ	一〇四	四七	六三
Ｂｆ110Ｇ	一〇四	五八	六六

（いずれも指数に換算ずみ。数値の多い方が高性能）

という計算結果が表われる。

エンジン出力が一二〇〇馬力×二基のＢｆ110Ｄは、Ｂｆ109Ｅ単座戦闘機と比べて性能は多少低い。しかしＤＢ605（一四七五馬力）付きのＧ型ならば、Ｂｆ109Ｅと同等な性能を発揮するはずである。

しかし現実の空戦の場合には、エンジン出力と重量の比（馬力荷重）の大小よりも、速度と重量からくる慣性力が大きく作用するのであろう。

こうなると大型機は圧倒的に不利である。慣性力を計算に入れるならば、Bf109の約二倍の重量をもつBf110に、109と同じ運動性をもたせようとすると、馬力荷重を半分にしなければならなくなる。とすると、Bf110は一二〇〇馬力のエンジン二基ではなく、二四〇〇馬力二基が必要となってくる。

数式を使わずに説明したので、少々わかりにくい解説になってしまったが、学校で学んだ「慣性とエネルギー」の項を思い出していただきたい。

このことから、優秀な双発戦闘機を設計しようとする場合の必要条件が生まれてくる。

それは結局のところ、

◯出力の大きなエンジン

◯軽量な機体

という、ごくあたりまえの要素に帰着してしまうのである。

さて、話が難しくなりすぎたようである。気楽な分析に戻ろう。

前述の一〇種の双発戦闘機のなかでもっとも優秀な機体はどれであろうか。

ここでは頭のなかからデータ、数値、数式などを追い出してしまって、次の仮定を条件として選出してみよう。

読者諸兄がこの一〇種の双発戦闘機のどれかに乗ってヨーロッパ上空（もちろん第二次大戦中の）を飛んでいるとする。天候は快晴、太陽は高く昇っている。

突然、太陽のなかから敵の単座戦闘機が数機、高速で舞い降りてきた。このような状態で、飛行していたとしたら、あなたはどの機種に乗っていたいか、という設定である。

フランスのポテーズ631など論外である。わずか六七〇馬力の双発、Vmax（最大速度）四四五キロ／時という低速では、アッという間に撃墜されてしまう。

こんな状況下では、誰が考えても答えはHe219、モスキート、P－38のどれか一つ、そのなかでもP－38ライトニングが正解といえるだろう。

二番目の選択としてはモスキートか。He219ウーフーは高速（六七〇キロ／時）だが、機体そのものが大きすぎるのである。

双発戦闘機の任務のなかに対戦闘機戦闘を含めるなら、第二次大戦の最優秀（双発）戦闘機はロッキードP－38ライトニングである。

夜間戦闘機としての利用

ところがBf110の例からわかるように、P－38、モスキート以外の双戦（複戦）は、いずれも夜間の対爆撃機迎撃機として使用された。

これはまさに正しい用法である。

夜間戦闘はパイロット一人には荷が重すぎる。航法、通信、接敵指示などは他の乗員が果たすべき役割である。

このように夜間攻撃を主任務とすると、双発戦闘機の評価は大きく異なってくる

Ｐ－38に夜間のフライトは無理である。また敵の単座戦闘機は夜間にはエスコートできないから、この〝苦手な敵〟と戦う必要はなくなる

夜間用双発戦にとって重要な点は、重武装、そして索敵用レーダー、高速性能であろうか。

評価の基準を変えて見ると、最優秀機の候補はモスキートあるいはＨｅ219となる。

強力なレーダーと四連装機関銃をもつＰ－61ブラックウイドウも候補に挙げたいが、前二機と比べて五〇～一〇〇キロ／時も遅い。日本軍の九七重爆や一式陸攻に対する迎撃に成功してはいるが、新しい銀河（Ｐ１Ｙ１）や飛龍（四式重爆）を撃墜するには性能不足と考えられる。

Ｐ－61の初飛行は一九四二年の五月で、モスキート（一九四〇年十一月）と比較すると一年半も遅い。となると、もっと性能が高くなければならない。

一九四二年十一月に初飛行しているＨｅ219とＰ－61は、ほぼ同じ出力のエンジンを装備していながら、前者は一〇〇キロ／時も高速なのである。

それではモスキートとＨｅ219ウーフーを比べた場合、どちらがより優れた夜間戦闘機であろうか。

ウーフー（フクロウの意）は総重量一二トンという大型機であり、本来爆撃機であるユンカースＪｕ88（Ｃ夜戦型）とほぼ同じ大きさである。これだけ大きければ、どんなタイプの機関砲も、また大型のレーダーも搭載可能である。

事実ウーフーの火力は、

三〇ミリ×四梃　指数一八〇
二〇ミリ×二梃　指数四〇
　　　　　　　合計二二〇
　という強力なものであった。

　そのうえ迎撃すべき敵の爆撃機は、日本の場合とちがってB－17、B－24、ランカスターであった。

　高性能のB－29相手ならともかく、B－17程度の爆撃機を攻撃するには十分以上の火力と性能である。

　したがって一九四三年六月十一日の夜、一機のHe219が五機のランカスター重爆を撃墜する、という大戦果も記録されている。

　しかし万能性ということからいえば、やはりHe219は大きすぎた。日本海軍の一式陸上攻撃機と同じ重量なのである。

　さて話が少々本筋からはずれてしまったが、He219が重すぎ、大きすぎるという事実には変わりない。

　やはり第二次大戦最高の夜戦としては、モスキートを選ぶべきだろう。

　この木製の双発高速機という珍しい機体は、ランカスター夜間爆撃機をエスコートし、ドイツ本土深く侵入し、迎撃してくる独夜戦に襲いかかる、という難しい任務をよくこなした。昼間の護衛戦闘機P－51マスタングに匹敵する働きである。

P－51がB－17の〝Little Friends〟なら、モスキートはランカスターの〝Chaps〟（英空軍の俗語。親しい友人、仲間、ヤツ。普通複数形で使う）であった。

これらの事実をまとめてみると、第二次大戦における最良の双発戦闘機として、

○昼間戦闘機、護衛戦闘機／ロッキードP－38ライトニング

○万能軍用機、夜間戦闘機／デ・ハビランド・モスキート

○夜間（迎撃）戦闘機／ハインケルHe219ウーフー

を挙げてもクレームはどこからも出ないはずである。

日本陸軍の二式複戦（複座戦闘機）屠龍は、海軍の月光とも一時期、B－17、B－29の迎撃に活躍したが、装備している発動機が一〇〇〇～一三〇〇馬力級では完全に性能不足であった。

日本陸海軍は、二〇〇〇馬力級のエンジンを付けた双発戦闘機を開発できず、ボーイングB－29の跳梁を許してしまった。

月光、屠龍の時代は一九四三年ごろが活躍のピークであり、相手とすべき爆撃機はB－17クラスであった。したがってこの二機種は性能以上によく働いたと評価して良いようである。

注：筆者は日本で信じられているウーフーのデータになんらかの誤解（間違い）が存在しているように感じている。重量（自重一一・二トン、総重量一五・三トン）に関する数値がともかく大きすぎるのである。

この点は機会を見て研究するつもりである。ハインケルHe219は翼面積などから計算する

と——これまでのデータを信じると——単位容積あたりもっとも重いプロペラ機となってしまう。ただし本書の記述のために使用した資料では、すべて同じ値が記載されていたので、そのまま使っている。

B－29対日本戦闘機

本書の主題は、あくまでも戦闘機同士の性能の比較にある。

しかしここでは少しだけ脇道にそれるが、太平洋戦争の後半における米空軍の超重爆B－29と日本戦闘機の対決に目を向けてみよう。

日本の敗北の直接の原因を作りだした主役は、ボーイング社のB－29である。この大型爆撃機と、日本の実戦に投入された大型機（一式陸上攻撃機）の簡単な比較を行なう。

	自重	全備重量	合計出力
B－29	三二・四トン	六四・二トン	八八〇〇馬力
一式陸攻	八・二トン	一二・五トン	三七〇〇馬力

この数値をみればB－29がいかに大きく、また強力なエンジンを有しているかがよくわかる。しかしもう少し詳しく、種々の性能を調べていくと意外な事実につきあたる。

それ自体の説明の前に、くり返しになるが、航空機に関する一般論を整理しておく必要がある。

まず、すべての飛行機（この場合はレシプロ・エンジン装備）について、次の事柄がいえると思う。

航続性能は除いて、

○飛行性能のほとんどは、出力重量比（馬力荷重の逆数）に比例する。要するに軽い機体と強力なエンジンの組み合わせが高性能を生む。

○翼面馬力（翼面積一平方メートル当たりが使える出力）が大きな飛行機は速度が速い。

○翼面荷重が小さければ、旋回性能は良くなり、高高度飛行が可能となる。

といったことである。

ボーイングB－29スーパーフォートレスの要目と性能を掲げる。

○ボーイングB－29スーパーフォートレス

全長：三〇・二メートル
全幅：四三・一メートル
翼面積：一五一平方メートル
自重：三二・四トン
総重量：六四・一トン
乗員：一〇名
エンジン：ライトR３３５０二二〇〇馬力×四基

航続力：最大九六〇〇キロ、また七トンの爆弾を携行した場合六六〇〇キロ
最大速度：五七〇キロ／時
巡航速度：三七〇キロ／時
上昇限度：最大一万一一〇〇メートル
武装：一二・七ミリ機関銃一二梃、二〇ミリ機関砲一梃
初飛行：一九四二年九月一日
総生産数：三九七〇機
（データはＢ－29Ａのものである）
エンジンは排気タービン付き、操縦室は完全な与圧式となっていた。

これに対抗するのは、
日本海軍／局地（迎撃）戦闘機・雷電二一型
日本陸軍／二式複座戦闘機・屠龍（キ四五改）
である。

雷電も屠龍も、データの上からはＢ－29を十分に迎撃できるだけの性能をもっており、とくに雷電はＢ－29と比べて馬力荷重で二・六倍、翼面馬力で一・六倍、翼面荷重で一・五倍も有利である。

ともかくＢ－29は自重三二トンの機体に二二〇〇馬力のエンジン四基（八八〇〇馬力）、

雷電は自重二・六トンに一八二〇馬力のエンジンだから、性能的には圧倒的優位にあるはずである。

これは二座双発機の屠龍にとっても同様で、データ上からは十分に迎撃が可能となっている。

それではなぜ大挙押し寄せてくるB－29を、日本戦闘機が撃退できなかったのか。

その答えの第一は、日本側に質の良い燃料がほとんどなかったことによる。アルコールを混ぜて量を増したガソリンでは、エンジンは所定の性能を発揮できなかった。

第二の理由としては、日本の航空用エンジンが中高度（四〇〇〇～六〇〇〇メートル）で、規定の能力を発揮するように造られていたことにあるようだ。

これが数値にもはっきりと表われている。まず上昇限度（実用・最大値の八〇パーセントをとった）が、B－29は他機と比べて一〇〇〇メートル以上高くなっている。

また最大速度を見ていただきたい。日本迎撃戦闘機のエース雷電二一型は六〇〇キロ／時を超える高速である。これに対してB－29の最大速度は五七六キロ／時となっている。しかし、それぞれの最大速度の発揮高度を見ると、B－29は雷電よりも一五〇〇メートル以上高空である。

このように上昇限度が高く、また最高速度を高空で発揮するB－29を、日本戦闘機がつかまえることは非常に困難であった。

一九四四年（昭和十九年）の秋のように、中国大陸から発進したB－29が中高度で九州に侵入してきた場合、日本の双発戦闘機月光、屠龍は大きな成果をおさめることができた。しかし年が変わって、マリアナから一万メートル近い高高度でB-29がやってくるようになると、過給機能力が十分でないエンジンしか持たない日本軍機の迎撃は不可能となった。

高高度における戦闘には、空気密度が小さくなっても出力を維持できるエンジンが必須の条件であった。

一見、数値が並んでいるだけのデータも、今回のように注意深く見ていけば、いろいろな事柄を正確に語りかけてくれているのである。

日本の航空用発動機の弱点は、前述のように過給機の性能不足にあった。そして過給機の主流は、排気タービン、機械式タービンによる空気の強制流入である。

現在の日本の自動車が気軽にターボ(排気タービン過給機)付きのエンジンを装備し、それだけでは満足できず、ツインターボ、機械式タービン(スーパーチャージャー)とエスカレートしていくのを見ると、ただただ時代の進歩に目をみはるばかりである。

それにしても飛行機は、自動車に対してもっと威張って良いと思う。なにしろ五〇年前にすでに飛行機に付いていた〝ターボ〟(ターボチャージャー:排気利用過給機、スーパーチャージャー:機械式過給機)を、自動車は今ごろになって装備しているのだから。

大戦後のレシプロ戦闘機

第一次大戦初期に初めて登場したプロペラ・レシプロエンジン付き戦闘機は、第二次大戦の終了と共に次第に姿を消していく。

そしてその登場（一九一四年）から半世紀たつと、もはや第一線の軍用機としての役割を果たすことは難しくなっていた。

第二次大戦後勃発した三つの戦争、

◯朝鮮戦争　一九五〇～五三年

◯インドシナ戦争　一九四六～五四年

◯アルジェリア戦争　一九五四～六二年

にレシプロ戦闘機は参加しているが、本格的な空中戦が行なわれたのは朝鮮戦争のみである。しかもこの時の主役は、

ミコヤン・グレビッチMiG－15

ノースアメリカンF－86セイバー

といずれも後退翼を持ったジェット戦闘機であった。

五〇年代は航空機の技術的進歩のもっとも著しい時代であって、すでにレシプロ戦闘機は過去の兵器になってしまっている。

しかし、ここでは歴史上二度と登場することのない、プロペラ付きの猛鳥の最後を追ってみよう。

第二次大戦後に登場したレシプロ戦闘機は、ほんのわずかな数である。

○イギリス海軍
ホーカー・シーフュリー
○イギリス空軍
スーパーマリン・スパイトフル
○アメリカ海軍
グラマンF8Fベアキャット
○アメリカ空軍
ノースアメリカンF-51H・Kマスタング
○ソ連空軍
ラボーチキンLa-11
本来なら日本海軍の十七試艦戦A7M烈風、ドイツ空軍のフォッケウルフ・タンクTa152なども加えるべきかも知れないが、ここでは実戦に参加していない機体は――実力が未知数であるので――除くことにする。
その意味から、マニアの間で最高のレシプロ戦闘機とされているイギリス空軍のマーチン・ベーカーMB・5も加えていない。
結局、実戦に投入されたのは、
ホーカー・シーフュリー
グラマンF8Fベアキャット

ラボーチキンLa－11の三機種となる。

またベアキャットはインドシナ、アルジェリア戦争、スエズ動乱などで対地攻撃のみに使用され、空中戦には参加していない。

そのうえ、シーフュリーとLa－11は対戦しておらず、この状況からもすでにレシプロ戦闘機の時代が終わってしまったことがわかる

第二次大戦の末期、一九四四年の秋には、

○イギリス空軍

グロスター・ミーティア

○ドイツ空軍

メッサーシュミットMe262シュワルベ

といったジェット戦闘機が戦場に姿を見せはじめていた。

この二種の性能は、

	最大速度	最大上昇力	上昇限度
ミーティア	八八〇キロ／時	一八〇〇メートル／分	一万五〇〇〇メートル
Me262	八六六キロ／時	一四三〇メートル／分	一万二六〇〇メートル

（いずれも最終生産型のデータ）である。

これに対し、最良のレシプロ戦闘機であっても、最大速度七五〇キロ／時、最大上昇力一

二〇〇メートル／分、上昇限度一万三〇〇〇メートル程度である。

つまりデータ上からはジェット戦闘機の八五パーセント程度の性能であろうか。そのうえ、ジェット戦闘機は無限の可能性を秘めているのに対し、レシプロ戦闘機は〝種としての限界〟に達していた。

こうなればどこの国の空軍であっても、プロペラ付きの戦闘機を捨て去らざるを得ない。

一時はターボプロップエンジン付き（タービンエンジンでプロペラを駆動するタイプ）の戦闘機も試作されたが、最終的には純ジェット機（ピュアジェット）に収束される。

本来なら、第二次大戦後に生産された前述の猛禽類のなかから、「史上最高のレシプロ戦闘機」を選ぶべきであろう。しかし戦闘機対戦闘機の戦い（エアコンバット）はほとんど発生せず、この選択はあまり意味がない。

大戦後の戦争において、レシプロ戦闘機が大活躍したのは、わずかに朝鮮戦争にみであった。それも対地攻撃が専門であり、空中戦は数えるほどしかない。

またレシプロ戦闘機の主役も、大戦中の主力機そのままで、

○アメリカ海軍
ボートＦ４Ｕ－５コルセア
○アメリカ空軍
ノースアメリカンＦ－51Ｄマスタング

であった。海軍のF8F、空軍のF－51Hは、いずれも参加していない。

この朝鮮戦争は実質的にレシプロ戦闘機の最後の晴れ舞台であり、前述の二機種以外に、

○イギリス海軍、オーストラリア海軍

ホーカー・シーフュリー

スーパーマリン・シーファイア

○北朝鮮、中国空軍

ヤコブレフYak－9

ラボーチキンLa－7、9、11

が登場した。

一九五〇年六月から五三年七月までの三七ヵ月にわたる戦争で、約六〇〇機のレシプロ戦闘機が失われたものと思われる。

直接戦闘で失われた数は、

ボートF4U　三二八機

F－51マスタング　一七二機

シーフュリー　約五〇機

シーファイア　二〇機

ラボーチキン、ヤク　五〇機

といったところであろうか。そのうえ空中戦での損失はきわめて少ない。

またこれ以外にプロペラ戦闘機が参加した戦争は、

○第一次、第二次中東戦争

ノースアメリカンF－51Dマスタング

○台湾海峡の戦い

リパブリックF－47Dサンダーボルトなどがあるが、参加したのはごく少数である。

いずれもエアコンバットの主役ではなく、地上攻撃、偵察任務に投入されたにすぎない。

このように見て行くと、第二次大戦こそ、レシプロエンジン付き戦闘機が花形であった最後の戦争というべきなのである。

次に大戦後の紛争と、それに登場したレシプロ戦闘機のリストを掲げておこう。

○ギリシャ、ユーゴの内戦（一九四五～四七年）

ホーカー・テンペストMk2

メッサーシュミットBf109G

スーパーマリン・スピットファイアMk18

○中国内戦（一九四六～四九年）

ノースアメリカンF－51マスタング

リパブリックP－47サンダーボルト

中島・一式戦・隼2型

◯インドシナ戦争（一九四六～五四年）
グラマンF6Fヘルキャット
グラマンF8Fベアキャット
スーパーマリン・スピットファイアMk9
中島・一式戦・隼2型
◯イスラエル建国、スエズ動乱（一九四八～五六年）
スーパーマリン・スピットファイアMk9～18
ノースアメリカンF－51マスタング
アビアS199（Bf109G）グスタフ
グラマンF8Fベアキャット
◯朝鮮戦争（一九五〇～五三年）
ノースアメリカンF－51マスタング
ボートF4Uコルセア
ホーカー・シーフュリーFB11
スーパーマリン・シーファイア
ヤコブレフYak－9
ラボーチキンLa－7、11
◯台湾海峡の戦い（一九五六～六七年）

リパブリックP‐47サンダーボルト
ノースアメリカンF‐51マスタング
（いずれも単発、単座戦闘機のみ）

第二次大戦 戦闘機事典

スペイン内戦、ソ連・フィンランド戦争、ノモンハン事変を経て、一九三九年九月一日から始まった第二次世界大戦では、多くの国家がその総力を注入して戦闘機の開発、製造、配備に取り組んだ。その意味から、史上最も機械技術が進歩した時代ということもできる。この大戦争に登場した金属の猛禽類の種類は六〇前後と考えられる。

しかし一度しか実戦に出撃していない機体、旧式なために早々に戦線から撤収することになった機体などを外すと、ここに掲げる四四種が主な戦闘機と考えてよいだろう。リストから外れたのはドイツのハインケルHe51、ルーマニアのIAR80、ポーランドのPZL・P11、フィンランドのミルスキ2などで、これらに関しては読者自身がSNSなどで調べれば、戦闘機に対する興味が倍増するはずである。

また大戦末期にドイツ空軍ルフトバッフェが投入したジェット戦闘機Me262、ロケット戦闘機、そしてイギリスのミーティア戦闘機については、意識的に言及していない。この理由は、ジェット機同士の空中戦が一度として実現していないことによる。

それにしてもこの大戦は、先進国の航空技術、また操縦者の闘志が真正面からぶつかり合う壮大な大空の史劇だった。そしてその主役は戦う者、ファイターと呼ばれる戦闘機である。

本書の本文、そしてこの事典から、その素晴らしさを感じとっていただければなによりである。

全長：7.5m　全幅：11.3m　翼面積：18.6㎡　総重量：1.7t　平均重量：1.5t　自重量：1.2t　エンジン：ハ1　出力：710HP　冷却方式：空冷　最大速力：460㎞／時　最大上昇力：926m／分　航続距離：1300㎞（落下タンクなし）馬力重量比：496HP／t　翼面荷重：81kg／㎡　翼面馬力：38HP／㎡　武装（口径㎜×数）：7.7×2　武装威力数：15　初飛行：1936年10月　製造数：3390機

中島 キ27
九七式戦闘機
（日本）

日本陸軍最初の全金属性戦闘機で、ソ連との国境紛争であるノモンハン事変、および太平洋戦争初期の主力であった。固定脚ではあったが、素晴らしい操縦性、俊敏性を発揮し、本機により一つの時代が拓かれたと言い得る。

もっともこの九七戦が、操縦士たちから高く評価されたために、後継機たる一式戦隼の制式化が遅れてしまったという事実もある。本機の最大の短所は、その武装の貧弱さ（7.7ミリ機関銃2梃）にあり、この点から大きく遅れていた。列強ではすでに12.ミリが標準となっていたのである。また航続力が不足気味で、活動の範囲は大きくなかった。

全長：8.9m　全幅：10.8m　翼面積：22.0㎡　総重量：2.6t　平均重量：2.3t　自重量：2.0t　エンジン：ハ115　出力：1130HP　冷却方式：空冷　最大速力：520㎞／時　最大上昇力：794m／分　航続距離：1100㎞（落下タンク付1710㎞）　馬力重量比：491HP／t　翼面荷重：105kg／㎡　翼面馬力：51HP／㎡　武装（口径㎜×数）：12.7×2　武装威力数：25　初飛行：1939年1月　製造数：5750機

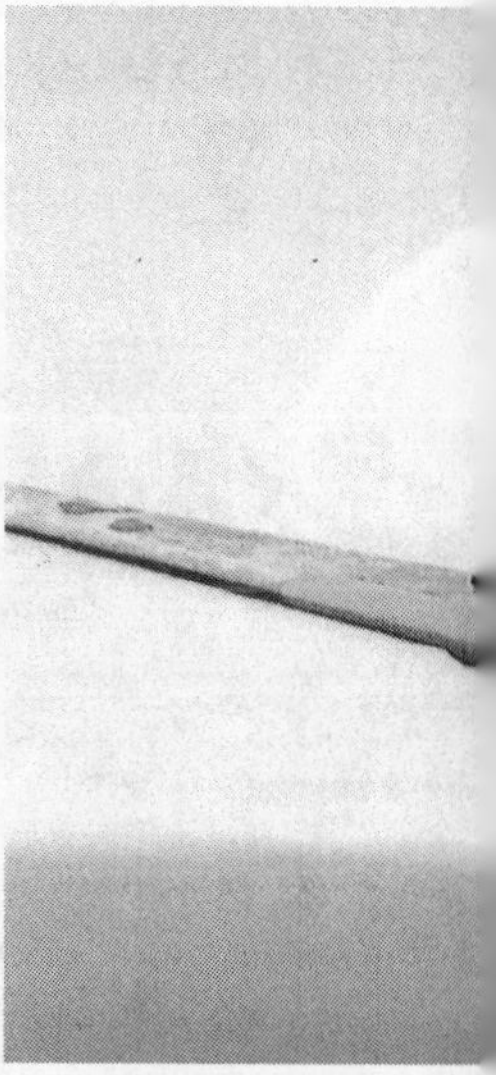

中島 キ43
一式戦闘機 隼
(日本)

海軍のゼロ戦と同じエンジンを装備し、形状も寸法もよく似た日本陸軍の主力戦闘機である。陸軍が〝隼〟という愛称を与えたため、広く国民に知られている。九七戦の後を継いだこともあり、戦闘機の性格としてはよく似ている。

高い信頼性と大きな航続力を持ち、戦争の全般にわたり活躍した。ただし特殊な主翼の構造による武装の貧弱さは、本機も九七戦と同様であり、これが大きな短所である。一方、航続力不足の問題は改良されている。また製造数は5000機を超え、日本の航空史のなかでは、零戦についで第2位となっている。(写真提供：WAC)

全長：8.8m　全幅：9.8m　翼面積：15.7㎡　総重量：2.7t　平均重量：2.4t　自重量：2.1t　エンジン：ハ109　出力：1450HP　冷却方式：空冷　最大速力：600km／時　最大上昇力：1110m／分　航続距離：1200km（落下タンク付1650km）　馬力重量比：604HP／t　翼面荷重：153kg／㎡　翼面馬力：92HP／㎡　武装（口径mm×数）：7.7×2、12.7×2　武装威力数：40　初飛行：1940年6月　製造数：1230機

中島 キ44
二式単座戦闘機 鍾馗
（日本）

それまでの軽戦闘機とは全くことなる設計によって誕生した、重戦である。運動性、旋回性よりも速度、とくに急降下速度に重きを置き、さらに上昇力でも隼を上回っている。また太い胴体をもち、外観は隼よりも数段逞しくなった。武装も強力でなかには40ミリ砲を装備したタイプも存在した。

しかし翼面荷重が高く、操縦が難しいこともあり、九七戦、隼に慣れていた当時の操縦者からは敬遠され、1000機をわずかに上回る生産にとどまっている。

彼らの意識を変えることができれば、この二式戦は、対爆撃機戦闘などに大きな威力を発揮したと思われる。少数生産された3型は、2000馬力のエンジンを装備していた。

全長：8.9m　全幅：12.0m　翼面積：20.0㎡　総重量：3.5t　平均重量：3.1t　自重量：2.6t　エンジン：ハ40　出力：1180HP　冷却方式：液冷　最大速力：580㎞／時　最大上昇力：714m／分　航続距離：1440㎞（落下タンク付1810㎞）　馬力重量比：381HP／t　翼面荷重：155kg／㎡　翼面馬力：59HP／㎡　武装（口径㎜×数）：13×2、20×2　武装威力数：66　初飛行：1941年12月　製造数：3120機

川崎 キ61
三式戦闘機 飛燕
(日本)

本機は陸海軍を通じて唯一液冷エンジンを装備していた。これはドイツのDB601を国産したものである。試験飛行ではかなりの高性能を発揮し、関係者を喜ばせたが、量産機となると、クランクシャフトの工作不良から飛行不能の機体が続出するという惨状となった。このことはドイツと比べた時、我が国の技術力不足を如実に示している。しかし1944年ごろから順次改良されたあと、ニューギニア戦線などに送られ、とくにドイツ製20ミリ機関砲を装備したタイプは一応の活躍を見せている。製造数は3000機を超えているが、このうちの多くが、のちに述べる五式戦に改造されている。

全長：9.9m　全幅：11.2m　翼面積：21.0㎡　総重量：3.8t　平均重量：3.3t　自重量：2.7t　エンジン：ハ45　出力：2000HP　冷却方式：空冷　最大速力：620km／時　最大上昇力：781m／分　航続距離：1100km（落下タンク付1800km）　馬力重量比：606HP／t　翼面荷重：157kg／㎡　翼面馬力：95HP／㎡　武装（口径mm×数）：12.7×2、20×2　武装威力数：65　初飛行：1943年4月　製造数：3410機

中島 キ84
四式戦闘機 疾風
(日本)

大東亜決戦機とよばれ、大戦後半における陸軍の主力戦闘機である。待望の2000馬力発動機を装備し、列強の新型戦闘機に引けを取らない機体であった。すべての性能において満足し、昭和19年ごろから戦力の中核となった。しかし工作精度ならびに燃料の不足が影響し、せっかくの高性能を活かし切れていないといった印象を受ける。のちにアメリカに鹵獲された一機が30年後日本に再上陸し、この時には飛行可能であった。しかしながら諸般の事情で静的展示になってしまったのは、なんとも残念である。

全長：8.8m　全幅：12.0m　翼面積：20.0㎡　総重量：3.5t　平均重量：3.0t　自重量：2.5t　エンジン：ハ112　出力：1500HP　冷却方式：空冷　最大速力：580km／時　最大上昇力：1390m／分　航続距離：1400km（落下タンク付2200km）　馬力重量比：500HP／t　翼面荷重：150kg／㎡　翼面馬力：75HP／㎡　武装（口径mm×数）：12.7×2、20×2　武装威力数：65　初飛行：1945年2月　製造数：370機

川崎 キ 100
五式戦闘機
（日本）

液冷エンジンが不調で、首なし機となっていた多数の三式戦に、1500馬力の空冷発動機を移植したのが五式戦である。これが思わぬ成功作となり、終戦直前の戦いにおいて、大いに活躍することになる。もともと機体の設計は優れており、またエンジンを換装したことで大幅に軽量化されたためといわれている。

開発当初十分に検討することなく、飛燕にDBエンジンを採用したこと自体が問題で、最初からこれを装備していれば五式戦は戦争後半、大いに戦力の増大に貢献したと思われる。現在、イギリスの博物館に非常に良い状態で残されている。

全長：9.1m　全幅：12.0m　翼面積：22.4㎡　総重量：2.4t　平均重量：2.1t　自重量：1.7t　エンジン：栄21　出力：940HP　冷却方式：空冷　最大速力：530km／時　最大上昇力：831m／分　航続距離：1810km（落下タンク付3450km）　馬力重量比：448HP／t　翼面荷重：94kg／㎡　翼面馬力：43HP／㎡　武装（口径mm×数）：7.7×2、20×2　武装威力数：55　初飛行：1939年4月　製造数：11030機

三菱 A6M1～8
零式戦闘機
（日本）

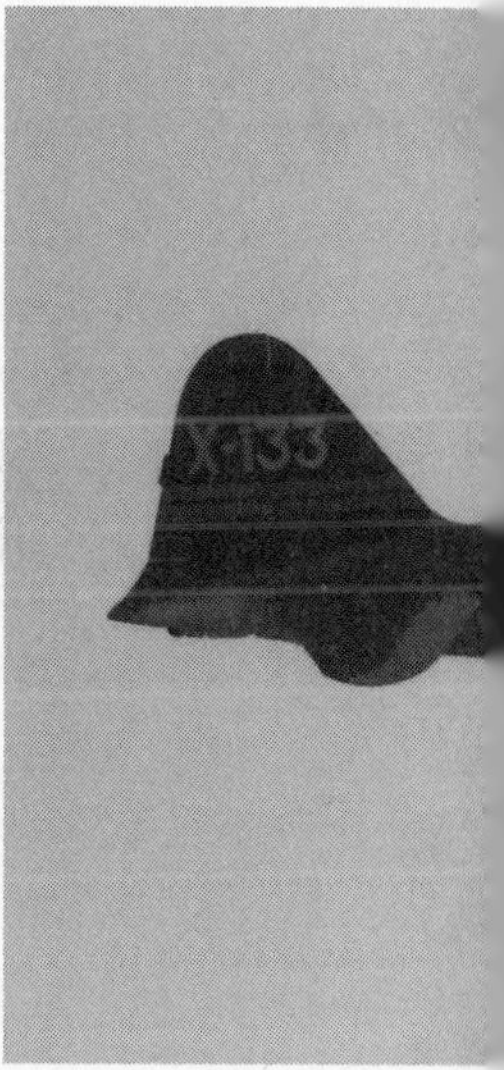

歴史上はじめて我が国の技術が、欧米のそれを凌駕したといわれる戦闘機。太平洋戦争の緒戦から中期まで、欧米の軍用機に痛打を浴びせたことにより、世界にゼロセンの名を知らしめた。栄エンジンと機体の信頼性、長距離飛行性能、強力な20ミリ機関砲など、非の打ちどころがない万能戦闘機であった。しかし発動機の出力は1000馬力にすぎず、戦争の後半にはすべての面で非力が目立っていった。　それにもかかわらず後継機の実用化が遅れ、全期間を通じて海軍の主力であった。早い段階で1500馬力エンジンへの換装を実現しておけば、状況は大きく変わっていたと思われる。

全長：10.1 m　全幅：12.0 m　翼面積：22.4㎡　総重量：2.5 t　平均重量：2.3 t　自重量：2.0 t　エンジン：栄12　出力：950HP　冷却方式：空冷　最大速力：440㎞／時　最大上昇力：710 m／分　航続距離：1700㎞　馬力重量比：413HP／t　翼面荷重：102kg／㎡　翼面馬力：42.4HP／㎡　武装（口径㎜×数）：7.7×2、20×2　武装威力数：55　初飛行：1941年12月　製造数：330機

中島 A6M2－N
二式水上戦闘機
（日本）

水上機母艦あるいは南太平洋の島の浜辺を基地とするために開発された水上戦闘機で、ゼロ戦にフロート（浮き船）を取り付けた形で製作された。

もとの機体の信頼性が高かったため改造は順調に進み、第二次大戦における唯一の、実用水上戦闘機の登場となった。1942年の秋から前線に進出し、船団の護衛、対潜水艦攻撃、爆撃機の迎撃に活躍している。ただかなり重量のあるフロートを装着しているため、零戦と比べて性能の低下は事実で、対戦闘機戦闘では不利は免れなかった。そのため製造数は300機強に過ぎなかった。

全長：8.9m　全幅：12.0m　翼面積：23.5㎡　総重量：4.3t　平均重量：3.6t　自重量：2.9t　エンジン：誉21　出力：1830HP　冷却方式：空冷　最大速力：590km／時　最大上昇力：990m／分　航続距離：1240km（落下タンク付1810km）　馬力重量比：508HP／t　翼面荷重：153kg／㎡　翼面馬力：78HP／㎡　武装（口径mm×数）：20×4　武装威力数：80　初飛行：1942年12月　製造数：1430機

川西 N1K1－J
紫電
（日本）

強力な2000馬力エンジン付きの新戦闘機である。戦闘機の名門中島、三菱ではなく、川西が誕生させたが、性能的には高く評価できる。しかし主翼の取り付け位置が、胴体のなかほどのいわゆる中翼であったことが災いし、長くなってしまった主脚の折損事故が続出。このため一時的に配備されたうちの3分の1が飛行できない状況に陥っている。同じ構造のグラマンF4Fに問題が生じなかったことと比べて、なんとも大きなマイナスであった。20ミリ4門という強力な武装を持っていただけに、このことが本当に惜しまれる。

全長：9.4m　全幅：12.0m　翼面積：23.5㎡　総重量：4.8t　平均重量：3.7t　自重量：2.6t　エンジン：誉21　出力：1830HP　冷却方式：空冷　最大速力：590km／時　最大上昇力：811m／分　航続距離：1720km（落下タンク付2240km）　馬力重量比：495HP／t　翼面荷重：157kg／㎡　翼面馬力：78HP／㎡　武装（口径mm×数）：20×4　武装威力数：80　初飛行：1944年1月　製造数：420機

川西 N1K2-J
紫電改
(日本)

紫電の問題を目の当たりにし、大幅な改良を加えて誕生したのが本機である。主翼を普通の低翼に変更すると共に、部品点数を半分まで減らし、生産性を高めた。また戦局の変化から空母への使用を諦めたことも軽量化にプラスとなった。

全般的な性能も十分高く、良質の燃料が用意できれば、新型のアメリカ戦闘機にも対抗することが可能であった。実際、終戦の年の春には、アメリカ艦載機に大きな打撃を与えている。しかし登場したのが遅く、実戦に参加したのは400機と紫電とくらべて大幅に少なく、戦局の挽回とは程遠かった。紫電改の製造数が十分であれば、多少状況は変わっていたかもしれない。

全長：9.9m　全幅：10.8m　翼面積：20.1㎡　総重量：3.5t　平均重量：3.0t　自重量：2.5t　エンジン：火星23　出力：1900HP　冷却方式：空冷　最大速力：590㎞／時　最大上昇力：968m／分　航続距離：1900㎞（落下タンクなし）　馬力重量比：633HP／t　翼面荷重：149kg／㎡　翼面馬力：95HP／㎡　武装（口径㎜×数）：20×4　武装威力数：80　初飛行：1942年3月　製造数：470機

三菱 J2M1～6
雷電
(日本)

局地戦闘機とされているが、これは迎撃戦闘機という意味である。空気抵抗を減らす目的から、エンジンの位置を後方に移動させ、延長軸でプロペラを回すという特殊な構造を持っていた。

このため機首が細くなっているのが特徴である。強力な発動機により、優れた上昇力を有し、B－29爆撃機への迎撃に活躍している。しかしに二式戦同様に、翼面荷重が高く、操縦にはある程度の経験が必要であった。その一方でベテランのパイロットが操れば、対戦闘機戦闘でもそれなりの戦果を挙げている。

全長：11.5m　全幅：15.8m　翼面積：30.4㎡　総重量：6.1t　平均重量：5.6t　自重量：5.1t　エンジン：アリソンV－1710×2　出力：2300HP　冷却方式：液冷　最大速力：650㎞／時　最大上昇力：1030m／分　航続距離：970㎞（落下タンク付1720㎞）　馬力重量比：411HP／t　翼面荷重：184kg／㎡　翼面馬力：76HP／㎡　武装（口径㎜×数）：20×1、12.7×4　武装威力数：71　初飛行：1939年1月　製造数：9920機

ロッキード
P－38ライトニング
(アメリカ)

日本、ドイツなどは複数の双発戦闘機を戦場に送り出しているが、前輪式かつ単座の機体は極めて珍しい。それがアメリカ陸軍のP－38である。出力の大きな、しかも排気タービン付きのエンジンを装備し、高空性能と高速を誇った。初期にはこの特性を生かしきれず、低空での格闘戦では日本戦闘機にたびたび苦杯を舐めたが、のちに戦術を変更し、恐るべき敵となった。

とくに日本の爆撃機に対しては、急降下攻撃により大きな戦果を挙げている。その代表的なものは、1943年4月の日本海軍のトップであった山本大将の乗機撃墜であろう。また偵察型のF5も、前記の性能を活かして活躍している。

全長：9.5m　全幅：10.4m　翼面積：19.8㎡　総重量：3.6t　平均重量：3.2t　自重量：2.7t　エンジン：アリソンV－1710　出力：1200㏋　冷却方式：液冷　最大速力：620㎞／時　最大上昇力：960m／分　航続距離：1700㎞（落下タンク付2400㎞）　馬力重量比：375㏋／t　翼面荷重：162kg／㎡　翼面馬力：61㏋／㎡　武装（口径㎜×数）：37×1、12.7×4　武装威力数：88　初飛行：1938年4月　製造数：8600機

ベル
P－39 エアラコブラ
（アメリカ）

　これまた米陸軍が制式化した特殊な型式の戦闘機で、エンジンを中央部に設置している、いわゆるミッドシップである。このためシャフトは座席の下を通り、しかも37ミリという大口径機関砲をその内部においている。重量が重かったこともあって空戦性能は高いとは言えず、軽量の日本戦闘機による被害は大きかった。しかしソ連に供与されたエアラコブラは、その37ミリ砲を活かして、ドイツ戦車に甚大な損害を与えたため、高く評価されている。生産された機体の約半分が、アメリカ陸軍ではなくソ連空軍によって使用されている。

全長：9.6m　全幅：11.3m　翼面積：21.9㎡　総重量：4.2t　平均重量：3.6t　自重量：2.9t　エンジン：アリソンV－1710　出力：1200HP　冷却方式：液冷　最大速力：530㎞／時　最大上昇力：790m／分　航続距離：1440㎞（落下タンク付1980㎞）　馬力重量比：333HP／t　翼面荷重：164kg／㎡　翼面馬力：55HP／㎡　武装（口径㎜×数）：12.7×6　武装威力数：76　初飛行：1938年10月　製造数：13740機

カーチス
P－40ウォーホーク
(アメリカ)

機首の下面の大きなエアインテークが特徴の重量級戦闘機で、米陸軍ではウォーホーク、供与先のイギリス空軍ではキティホークと呼ばれている。零戦の1.5倍と重く、それにしてはエンジン出力が低かったため、性能的には高いとは言えなかった。空戦では零戦、隼、そしてドイツのBf109には歯が立たず、このため次第に地上攻撃に投入されている。この任務では大きな爆弾搭載量を駆使して、太平洋、北アフリカ戦域で活躍した。機首に大きなサメの歯を描いたことで、誰にでも強い印象を与えている。

全長：10.0m　全幅：12.5m　翼面積：28.0㎡　総重量：6.1t　平均重量：5.2t　自重量：4.2t　エンジン：P&W・R－2800　出力：2300HP　冷却方式：空冷　最大速力：640㎞／時　最大上昇力：780m／分　航続距離：1900㎞（落下タンク付2890㎞）　馬力重量比：385HP／t　翼面荷重：186kg／㎡　翼面馬力：71HP／㎡　武装（口径㎜×数）：12.7×8　武装威力数：102　初飛行：1941年5月　製造数：15660機

リパブリック P－47サンダーボルト（アメリカ）

2300馬力のエンジンを装備した超重量級戦闘機で、その重量は零戦の実に3倍である。爆弾搭載量は、日本軍の双発爆撃機と同等、あるいはより大きかった。また驚くのはその搭載火器で、12.7ミリ機関銃8梃。つまり一式戦隼の4倍である。もちろんこの重量とあって格闘戦と呼ばれる空中戦は得意とは言えなかったが、地上攻撃となると驚異的な威力を発揮している。

また出力に余裕があるので、防弾装備も完璧に近く、対空砲火にも強靭であった。このように見ていくと、サンダーボルトはアメリカ陸軍以外ではとうてい誕生させ得ない大型戦闘機ということができる。

全長：9.8m　全幅：11.3m　翼面積：21.8㎡　総重量：4.2t　平均重量：3.7t　自重量：3.2t　エンジン：パッカードV－1650　出力：1680HP　冷却方式：液冷　最大速力：710km／時　最大上昇力：940m／分　航続距離：1530km（落下タンク付2760km）　馬力重量比：451HP／t　翼面荷重：170kg／㎡　翼面馬力：77HP／㎡　武装（口径mm×数）：12.7×6　武装威力数：76　初飛行：1941年10月　製造数：15370機　注：データはもっとも多く生産されたD型

ノースアメリカン P－51マスタング（アメリカ）

研究者、航空ファンの間で、第二次大戦に登場したもっとも優秀な戦闘機と評価されているのが、このマスタングである。初期型のB、C型は比較的平凡な性能であったが、エンジンをマーリンに換装してからは、見違えるほどの高性能機となった。

出力は1700馬力と必ずしも強力とは言えなかったが、全体に洗練され、空中戦にも地上攻撃にも威力を発揮し、なかでも戦争後半、爆撃機のエスコートという華やかな任務を見事にこなしている。また1950年に勃発した朝鮮戦争でも、多数が参加し、有終の美を飾った。

全長：10.0m　全幅：11.7m　翼面積：23.0㎡　総重量：3.7t　平均重量：3.4t　自重量：3.0t　エンジン：アリソンV－1710　出力：1330HP　冷却方式：液冷　最大速力：650㎞／時　最大上昇力：940m／分　航続距離：2400㎞（落下タンク付4100㎞）　馬力重量比：391HP／t　翼面荷重：148kg／㎡　翼面馬力：58HP／㎡　武装（口径㎜×数）：37×1、12.7×4　武装威力数：88　初飛行：1942年12月　製造数：3050機

ベル
P－63キングコブラ
(アメリカ)

P－39から発展した同型式の戦闘機で、こちらはキングコブラと呼ばれた。エアラコブラとの識別点はプロペラのブレードの数が増えたこと、垂直尾翼が高くなったことである。

P－63も機体重量のわりにはエンジン出力が高いとは言えず、対戦闘機戦闘では不利であった。しかしこちらも37ミリ砲の威力は地上攻撃に大きな効果を発揮している。本機は生産数の大部分がドイツと戦っているソ連に送られている。

大量に製造されながら、母国より外国で使われる数のほうが大きいという、極めて珍しい戦闘機であった。

全長：7.8 m　全幅：10.7 m　翼面積：19.4㎡　総重量：3.1 t　平均重量：2.6 t　自重量：2.0 t　エンジン：ライトR－1820　出力：1200HP　冷却方式：空冷　最大速力：520㎞／時　最大上昇力：780 m／分　航続距離：1520㎞　馬力重量比：462HP／t　翼面荷重：134kg／㎡　翼面馬力：62HP／㎡　武装（口径㎜×数）：12.7×4　武装威力数：51　初飛行：1937年12月　製造数：750機

ブリュースター F2A バッファロー（アメリカ）

アメリカ海軍最初の単葉戦闘機で、そのあまりに太い胴体の形状から、ビール樽と呼ばれた。零戦より強力な1200馬力のエンジンを装備していても、重量は1.5倍もあり、性能は平凡であった。艦上戦闘機でありながら、主として陸上を基地として使われた。零戦との戦いでは一方的に敗れ、早々に太平洋の戦線から引き上げられている。しかしソ連とフィンランドの戦争では見違えるほどの善戦ぶりで、多数のソ連機を撃墜しフィンランドの救世主とまで評価されている。この理由はどこにあったのだろうか。

全長：8.8m　全幅：11.6m　翼面積：24.2㎡　総重量：3.4t　平均重量：3.0t　自重量：2.5t　エンジン：ライトR－1820　出力：1250㏋　冷却方式：空冷　最大速力：510㎞／時　最大上昇力：880m／分　航続距離：990㎞（落下タンク付1490㎞）馬力重量比：417㏋／t　翼面荷重：124kg／㎡　翼面馬力：52㏋／㎡　武装（口径㎜×数）：12.7×4　武装威力数：51　初飛行：1937年9月　製造数：7910機

グラマン
F4Fワイルドキャット
(アメリカ)

大戦初期から中期にかけて、アメリカ海軍の主力戦闘機であったのが、このワイルドキャットである。珊瑚海、ミッドウェー、南太平洋の諸海戦では、空母から発進し、日本軍戦闘機と死闘を演じた。またガダルカナル島をめぐる戦いの勝利は、本機によるところが大きい。重量的には零戦よりかなり重かったが、エンジン出力に余裕があり、対等に戦うことができた。

また航続力、上昇力などでは劣っていたが、ともかく機体が頑丈で、それを活かした急降下攻撃を得意とした。戦争後半は主役をヘルキャットに譲ったものの、終戦まで船団護衛、対地攻撃に使用されている。

全長：10.2m　全幅：13.0m　翼面積：31.0㎡　総重量：5.8t　平均重量：5.0t　自重量：4.2t　エンジン：P&W・R−2800　出力：2100HP　冷却方式：空冷　最大速力：590km／時　最大上昇力：910m／分　航続距離：1440km（落下タンク付2880km）　馬力重量比：420HP／t　翼面荷重：161kg／㎡　翼面馬力：68HP／㎡　武装（口径mm×数）：12.7×6　武装威力数：76　初飛行：1942年6月　製造数：12270機

グラマン F6F ヘルキャット（アメリカ）

1943年秋から登場し、零戦を圧倒した重量級戦闘機。エンジンは2000馬力と零戦の2倍である。旋回性能を除き、全ての面で零戦を凌駕し、太平洋の制空権を完全に掌握する。さらにF4Fの頑丈さを受け継ぎ、“グラマン鉄工所”で製造されていると評価され、さらに日本側からそのスタイル、濃紺の塗装を指して熊ん蜂と恐れられた。

1945年の春からはレーダー付きの夜間戦闘機型まで実戦に配備している。このタイプは日本軍の爆撃機を完璧に無力化してしまった。戦後は、ごく一部が対空射撃の標的機として使われた以外、早々に姿を消していった。

全長：10.2m　全幅：12.5m　翼面積：29.2㎡　総重量：5.5t　平均重量：5.0t　自重量：4.4t　エンジン：P&W・R－2800　出力：2000HP　冷却方式：空冷　最大速力：670㎞／時　最大上昇力：880m／分　航続距離：1800㎞（落下タンク付2670㎞）　馬力重量比：400HP／t　翼面荷重：171kg／㎡　翼面馬力：68HP／㎡　武装（口径㎜×数）：20×4　武装威力数：80　初飛行：1940年5月　製造数：12680機　注：データは初期の1型

チャンスボート F4U コルセア (アメリカ)

特殊なガル翼をもった外観から、きわめて印象の強い戦闘機で、米海軍の一翼を担い、活躍した。この型式の利点は、視界の向上と爆弾搭載時の作業の容易さからであろうか。ヘルキャットと同様に頑丈であったが、空戦の能力はそれほど高いとは言えなかった。そのため海軍ではなく、海兵隊航空部隊により、主に陸上を基地として使用された。

また搭載火器は、アメリカの戦闘機に珍しく20ミリ機関砲であった。性能的には平凡ながら信頼性に富み、朝鮮戦争では対地攻撃機として大活躍し、寿命という点からはヘルキャットよりだいぶ永く使われている。

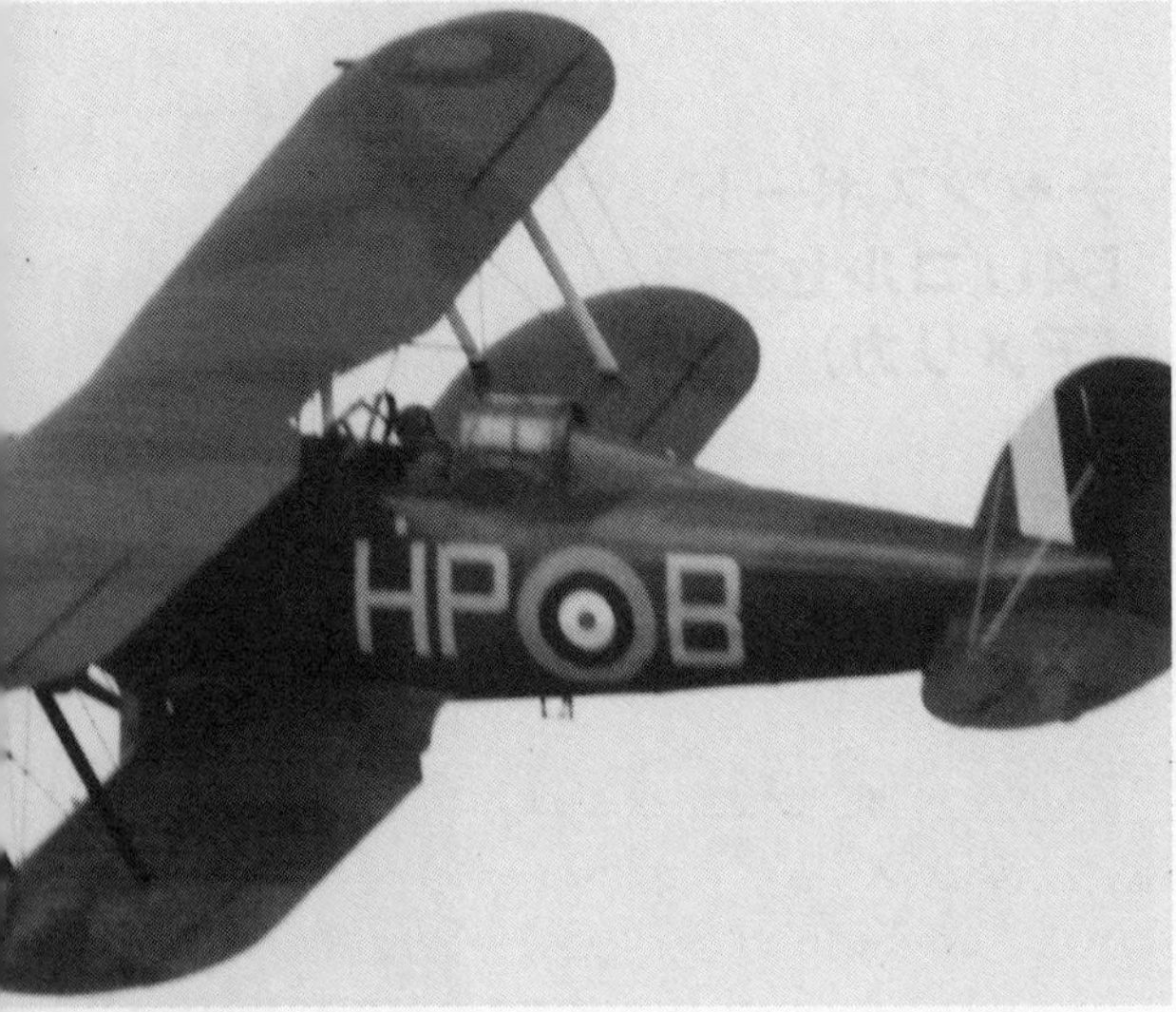

全長：8.2ｍ　全幅：9.8ｍ　翼面積：30㎡　総重量：2.1ｔ　平均重量：1.9ｔ　自重量：1.6ｔ　エンジン：ブリストル９　出力：840HP　冷却方式：空冷　最大速力：410㎞／時　最大上昇力：510ｍ／分　航続距離：680㎞　馬力重量比：442HP／ｔ　翼面荷重：63kg／㎡　翼面馬力：28HP／㎡　武装（口径㎜×数）：7.7×4　武装威力数：31　初飛行：1934年９月　製造数：450機

グロスター・グラディエーター（イギリス）

イギリス空軍、海軍最後の複葉戦闘機で、大戦初期にはいくつかの戦線に投入されている。複葉機にかかわらず、密閉式の風防を有し、信頼性は高かった。しかし最大速度は時速400キロ程度であるから、当時すでに旧式化していた。

ただ地中海戦域では、相手となるイタリア機も同様であり、わずかながら戦果を挙げている。当時のイギリスの新聞は、本機の大活躍を伝えているが、これは敗色濃いなかで、国民を鼓舞する目的であったと伝えられている。のちにはすべて前線から撤収し、主として標的曳航機として終戦まで使われた。

全長：9.5m　全幅：12.2m　翼面積：24.0㎡　総重量：3.5t　平均重量：3.0t　自重量：2.6t　エンジン：RRマーリン20　出力：1190HP　冷却方式：液冷　最大速力：540km／時　最大上昇力：517m／分　航続距離：740km（落下タンク付1480km）　馬力重量比：384HP／t　翼面荷重：129kg／㎡　翼面馬力：50HP／㎡　武装（口径mm×数）：20×4　武装威力数：80　初飛行：1935年11月　製造数：12780機　注：データは20mm砲装備の2C型

ホーカー・ハリケーン（イギリス）

大戦中の前半、イギリス空軍の主力戦闘機であった。このハリケーンは、鋼管布張りという古い構造で、性能的にも平凡であったが、マーリンエンジンの高い信頼性に支えられ、英国の戦いではもっぱら来襲するドイツ軍爆撃機を狙って大きな戦果を挙げている。そして後継機スピットファイアが出現後も長く使われつづけた。

本機の特徴は、主翼を容易に交換できることで、これを利用して搭載火器も7.7、12.7、20ミリ、そして対戦車用の40ミリ機関砲まで装備できたことである。大戦後半は活躍の場を北アフリカ戦線に広げている。

全長：9.1m　全幅：11.2m　翼面積：22.5㎡　総重量：3.1t　平均重量：2.7t　自重量：2.3t　エンジン：RRマーリン45　出力：1470㏋　冷却方式：液冷　最大速力：600㎞／時　最大上昇力：812m／分　航続距離：770㎞（落下タンク付1830㎞）　馬力重量比：544㏋／t　翼面荷重：120kg／㎡　翼面馬力：65㏋／㎡　武装（口径㎜×数）：20×2、7.7×4　武装威力数：71　初飛行：1936年3月　製造数：20350機　注：データは前半の主役である5B型

スーパーマリン・スピットファイア（イギリス）

細い胴体と楕円翼というスタイルから、史上もっとも美しいといわれている戦闘機である。初期型はハリケーンと同型のエンジンを装備していながら、空力設計に優れ、性能は格段に高かった。

後継機が表われても、スピットファイアの評価は変わらず、戦争の全期間を通じて使われ続けている。しかし本機にも大きな欠点があり、それはヨーロッパ機全般に言えることだが、航続距離の短さであった。大海原を戦場とする零戦の半分以下にすぎない。

それでもイギリスを中心に根強い人気があり、現在でも50機がフライアブルな状態にある。

全長：9.7m　全幅：12.7m　翼面積：26.0㎡　総重量：5.0t　平均重量：4.5t　自重量：4.0t　エンジン：ネイピア・セイバー2A　出力：2180㏋　冷却方式：液冷　最大速力：640㎞／時　最大上昇力：726m／分　航続距離：1100㎞（落下タンク付1600㎞）　馬力重量比：484㏋／t　翼面荷重：170kg／㎡　翼面馬力：84㏋／㎡　武装（口径㎜×数）：20×4　武装威力数：80　初飛行：1940年2月　製造数：3300機

ホーカー・タイフーン（イギリス）

スピットの後継機としてタイフーンは登場したが、装備されたセイバー発動機の不具合により、最初のうちはほとんど活躍できないままであった、その後少しずつ改良が進み、信頼性は向上したが、性能的にドイツ戦闘機に太刀打ちできず、もっぱら地上攻撃に使用された。

この任務では４梃の20ミリ機関砲、８発のロケット弾が極めて有効であり、ドイツ軍に大きな損害を強いている。

また本機は、前期型、後期型で、プロペラブレードの数、風防の形状に違いがみられ、別な機種のような印象を受ける。

全長：10.1m　全幅：12.5m　翼面積：28.0㎡　総重量：5.2t　平均重量：4.7t　自重量：4.1t　エンジン：ネイピア・セイバー2B　出力：2420HP　冷却方式：液冷　最大速力：670km／時　最大上昇力：900m／分　航続距離：1300km（落下タンク付1860km）　馬力重量比：515HP／t　翼面荷重：168kg／㎡　翼面馬力：86HP／㎡　武装（口径mm×数）：20×4　武装威力数：80　初飛行：1942年9月　製造数：1200機　注：戦後の製造分を含む

ホーカー・テンペスト（イギリス）

タイフーンを再設計し、エンジン出力を2340馬力まで引き上げた改良型がテンペストである。この両機の関係は、日本海軍の紫電と紫電改に似ている。

1944年夏から戦線に登場しているが、すでに戦場がドイツ本土に移っていたことから、ドイツ戦闘機と直接空戦を交える機会が少なく、タイフーンと同様に地上攻撃、そしてV－1ミサイルの迎撃が主任務となった。

したがって大きな出力のエンジンを装備していても、戦闘機としての真価ははっきりしない。これもイギリス戦闘機すべての特徴である航続力の不足から来ているものであろうか。なぜなら独機との空戦の記録が、非常に少ないのである。

全長：8.9m　全幅：9.9m　翼面積：16.2㎡　総重量：2.7t
平均重量：2.4t　自重量：2.0t　エンジン：DB601　出力：1300HP　冷却方式：液冷　最大速力：630㎞／時　最大上昇力：1010m／分　航続距離：710㎞（落下タンク付1270㎞）　馬力重量比：542HP／t　翼面荷重：148kg／㎡
翼面馬力：80HP／㎡　武装（口径㎜×数）：15×1、7.9×2　武装威力数：31　初飛行：1935年9月　製造数：30500機　注：データは戦争中期に活躍したF型

メッサーシュミット Bf109 (ドイツ)

戦争の全期間を通じてBf109は、ドイツ空軍の主力戦闘機であった。デビューは大戦直前のスペイン動乱であるから、7年にわたりヨーロッパの空を飛翔し続けたことになる。性格は零戦とは全く異なる、速度重視で、その分旋回性能は重視されていない。このこともあって空戦ではもっぱら一撃離脱主義に徹していた。しかしBoBにおける爆撃機のエスコート任務では、この点がマイナスとなり、敗北も多かった。初期のE型から、F、G型と進化し、最終的には3万機超が生産された。欠点は航続力、および主脚の強度不足と伝えられている。戦後のスペインでも、エンジンをイギリス製に換装した機体が、数十機製造された。(写真提供：WAC)

全長：8.8m　全幅：10.5m　翼面積：18.3㎡　総重量：4.4t　平均重量：3.8t　自重量：3.2t　エンジン：BMW801　出力：2100HP　冷却方式：空冷　最大速力：660㎞／時　最大上昇力：720m／分　航続距離：800㎞（落下タンク付1480㎞）　馬力重量比：552HP／t　翼面荷重：208kg／㎡　翼面馬力：115HP／㎡　武装（口径㎜×数）：20×4、13×2　武装威力数：106　初飛行：1939年6月　製造数：20000機　注：データはA型

フォッケウルフ Fw190 (ドイツ)

Bf109とは違い、出力の大きな空冷エンジンを装備した、戦争中期以後のドイツ空軍のエースである。1941年の夏に姿を現し、それまで圧倒的な強さを見せていたスピットファイアをその座から駆逐した。本機の設計は速度重視だが、格闘戦もこなす万能戦闘機に近い存在であった。また強力な空対空ロケット弾を持ち、米英の大型爆撃機にも十分対処可能であった。短所といえばBf109と同様な、航続力の貧弱さであったが、戦う舞台が本土上空の迎撃であったためその弱点が現われず十分に働くことができた。(写真提供：WAC)

全長：10.2m　全幅：10.5m　翼面積：18.3㎡　総重量：4.8t　平均重量：4.2t　自重量：3.5t　エンジン：ユモ213　出力：2240HP　冷却方式：液冷　最大速力：690㎞／時　最大上昇力：860m／分　航続距離：840㎞（落下タンクなし）　馬力重量比：533HP／t　翼面荷重：187kg／㎡　翼面馬力：122HP／㎡　武装（口径㎜×数）：20×2、13×2　武装威力数：66　初飛行：1941年12月　製造数：600機前後　注：製造数にはTa152を含む

フォッケウルフ Fw190D（ドイツ）

Fw190から大幅に改良された機体で、エンジン出力は25パーセントほど増加した。また冷却器を環状にし、機首の先端に装備したため、一見空冷エンジン付きに見える。機首部分が2メートル延長されたこともあり、その形状から“長っ鼻”と呼ばれた。空力的にも洗練され、最高速度は700キロ／時に近づいている。さらに上昇力、高空性能も素晴らしかった。あらゆる面からみて、ルフトバッフェ（ドイツ空軍）最良の戦闘機といえそうだが、搭載火器は13ミリと20ミリ混載で、この点からは少々見劣りがする。性能向上型はより強力なタンクTa152となった。

全長：6.3ｍ　全幅：9.2ｍ　翼面積：21.0㎡　総重量：1.4ｔ　平均重量：1.3ｔ　自重量：1.2ｔ　エンジン：M25　出力：700HP　冷却方式：空冷　最大速力：440㎞／時　最大上昇力：不明　航続距離：730㎞　馬力重量比：538HP／ｔ　翼面荷重：62kg／㎡　翼面馬力：33HP／㎡
武装（口径㎜×数）：7.6×4　武装威力数：30　初飛行：1933年12月　製造数：5800機　注：製造数には改良型のbis、I－153を含む。写真はI－153

ポリカルポフ
I－15
(ソ連)

機体の構造部材に主として木材を使用していながら、ある面極めて優れた設計で、大戦前の多くの紛争に活躍している。短い胴体が特徴で長さはわずか6メートル強である。この戦闘機はソ連によって大量に製造され、スペイン動乱だけで600機が投入されている。この戦場ではドイツのHe51、イタリアのCR42をはるかに上回る性能を発揮している。

またソ連はすぐに改良型のbisを、さらに出力を30パーセント増強、引込脚を採用したI－153を開発し、この状況からポリカリポフシリーズは間違いなく、世界最高の性能を有する複葉戦闘機と評価することができよう。

全長：6.1m　全幅：9.0m　翼面積：14.8㎡　総重量：2.1t　平均重量：1.8t　自重量：1.5t　エンジン：シュベソフM−62　出力：1000HP　冷却方式：空冷　最大速力：530㎞／時　最大上昇力：862m／分　航続距離：460㎞（落下タンク付750㎞）　馬力重量比：556HP／t　翼面荷重：121kg／㎡　翼面馬力：68HP／㎡　武装（口径㎜×数）：20×1、7.6×2　武装威力数：35　初飛行：1933年12月　製造数：7000機　注：I−15、I−153を含めて約10000機

ポリカルポフ I－16チャイカ（ソ連）

日本陸軍との国境紛争、スペイン内乱、対フィンランド戦争、対ドイツ戦争の初期、ソ連空軍の主力戦闘機はポリカルポフシリーズの次の3種類だった。I－15（複葉固定脚）、I－153（複葉引き込み脚）、I－16（単葉引き込み脚）で、小柄の機体に強力なエンジンを装備していた。胴体については3種ともある程度共通する。全長がかなり短く、まさに昆虫に似た形である。空力的安定にかけているように見えるが、I－16は俊敏性に優れ、日本機、ドイツ機に対して善戦している。それにも関わらずポリカルポフ戦闘機は、激戦の最中でありながら、この3機種だけで突然姿を消した。これには当時のソ連の政治的理由があったものとみられる。

全長：8.2m　全幅：10.3m　翼面積：17.6㎡　総重量：3.5t　平均重量：3.0t　自重量：2.4t　エンジン：ミムリンAM－35　出力：1350HP　冷却方式：液冷　最大速力：630㎞／時　最大上昇力：1100m／分　航続距離：550㎞（落下タンク付820㎞）　馬力重量比：450HP／t　翼面荷重：170kg／㎡　翼面馬力：77HP／㎡　武装（口径㎜×数）：12.7×1、7.6×2　武装威力数：28　初飛行：1941年1月　製造数：2100機　注：MiG－1の製造分を含む

ミコヤングレビッチ MiG－1、3（ソ連）

チャイカに次いで独ソ戦に登場したのが、このMiG－1、そして改良型のMiG－3である。高速の迎撃戦闘機として開発されたが、操縦性が良いとは言えず、設計グループがスターリン賞を授与されたにもかかわらず、製造数のわりにあまり活躍していない。

しかも造られた機体の多くは、偵察機として使用され、比較的短期間のうちに、戦線から引き上げられている。この点、先のポリカルポフシリーズとは対称的である。最近レストアされていた1機が飛行可能となった。

全長：8.5m　全幅：9.2m　翼面積：15.0㎡　総重量：2.7t　平均重量：2.4t　自重量：2.1t　エンジン：キリモフM－105　出力：1220㏋　冷却方式：液冷　最大速力：640㎞／時　最大上昇力：1110m／分　航続距離：820㎞（落下タンク付1400㎞）　馬力重量比：508㏋／t　翼面荷重：160kg／㎡　翼面馬力：81㏋／㎡　武装（口径㎜×数）：20×1、12.7×2　武装威力数：45　初飛行：1942年2月　製造数：30000機　注：データはもっとも多く造られたYak－3。製造数はYak－1、7、9の合計

ヤコブレフ Yak－1、9、3（ソ連）

ソ連戦闘機の4つの流れのひとつが、このヤクシリーズで、開発、改造の順序は、1型、9型、3型となっている。機体は鋼管に樹脂を混ぜた木材（強化木）で作られているが、強度は全金属性に劣らなかった。このシリーズは高高度性能、航続性能はよいとは言えなかったが、中高度以下での能力は極めて高く、ドイツ戦闘機に劣るものではなかった。研究者によっては米陸軍のP－51と同等とするものさえある。このため戦後もソ連、衛星国で使用され、朝鮮戦争にも少数ながら姿を見せてアメリカ機と空中戦を交えている。

全長：8.5m　全幅：9.8m　翼面積：17.5㎡　総重量：3.4t　平均重量：3.2t　自重量：2.9t　エンジン：M－82　出力：1780HP　冷却方式：空冷　最大速力：670㎞／時　最大上昇力：1190m／分　航続距離：650㎞（落下タンク付970㎞）馬力重量比：556HP／t　翼面荷重：183kg／㎡　翼面馬力：102HP／㎡　武装（口径㎜×数）：20×3　武装威力数：60　初飛行：1943年1月　製造数：不明　注：LaaGG－3からLa－9まで合わせて1万機？　写真はLa－7

ラボーチキン La－5、7、11（ソ連）

最初LaGGと呼ばれていたこのラボーチキンシリーズであるが、エンジンが液冷から空冷に換装されたことにつれ、Laとなり、5型、7型、11型が造られた。大戦で活躍したのは7型で、軽量の機体に1800馬力の高出力エンジンを搭載しており、高性能を誇った。

その一方で、戦場の特異性から相変わらず航続力は貧弱で1000キロに満たず、本機を日本機、アメリカ機と比較した場合、どのように評価すべきか難しいところであろう。

本機も最終生産型の11型は、少数が朝鮮戦争に登場した。また多数が衛星国で使われている。

全長：8.3ｍ　全幅：9.7ｍ　翼面積：22.4㎡　総重量：2.3ｔ　平均重量：2.0ｔ　自重量：1.7ｔ　エンジン：フィアットA74　出力：840㏋　冷却方式：空冷　最大速力：430㎞／時　最大上昇力：720ｍ／分　航続距離：690㎞　馬力重量比：420㏋／ｔ　翼面荷重：89㎏／㎡　翼面馬力：37.5㏋／㎡　武装（口径㎜×数）：12.7×4　武装威力数：51　初飛行：1939年4月　製造数：600機

フィアット CR42 (イタリア)

イタリア空軍が1939年に誕生させた戦闘機で、初飛行の日からは、史上最後の複葉戦闘機となる。大戦の予兆が感じられたためか、生産は急ピッチですすめられ、1日に20機の割合で配備が進んだ。複葉機としては十分な性能を持ってはいたが、列強はすべて単葉機に移行しており、その事実からは誕生と同時に時代遅れであったということもできる。それでもハンガリーなど4ヵ国に輸出されている。

大戦勃発後は数が揃っていたこともあって、対フランス戦、地中海戦域ではよく戦い戦果を挙げている。その後は対地攻撃機として休戦まで使われ続けた。

全長：8.3m　全幅：11.0m　翼面積：18.3㎡　総重量：2.5t　平均重量：2.2t　自重量：1.9t　エンジン：FIAT・A74　出力：840HP　冷却方式：空冷　最大速力：470km／時　最大上昇力：625m／分　航続距離：1000km（落下タンクなし）　馬力重量比：381HP／t　翼面荷重：120kg／㎡　翼面馬力：46HP／㎡　武装（口径mm×数）：12.7×2　武装威力数：25　初飛行：1937年2月　製造数：600機

フィアット G50フレッチア（イタリア）

寸法、形状などはもちろんエンジン出力まで、MC200に似たフィアットの戦闘機である。ただ構造的には全金属性となりかなり進歩していて、この点ではマッキとことなる。操縦性にはとくに問題はなく、直ちに生産が開始された。しかし性能から連合軍戦闘機に太刀打ちできず、この原因は低馬力のイタリア製エンジンが原因である。本機も一刻も早くDBへの換装が期待された。それにしてもイタリア空軍がMC200、G50といった新しいものの性能的に劣った戦闘機をもって、大戦に参加した愚をどう考えるべきであろうか。

全長：8.2m　全幅：10.6m　翼面積：16.8㎡　総重量：2.2t　平均重量：1.9t　自重量：1.6t　エンジン：FIAT・A74　出力：870HP　冷却方式：空冷　最大速力：500㎞／時　最大上昇力：910m／分　航続距離：550㎞（落下タンク付870㎞）　馬力重量比：458HP／t　翼面荷重：113kg／㎡　翼面馬力：52HP／㎡　武装（口径㎜×数）：12.7×2　武装威力数：25　初飛行：1937年12月　製造数：1000機

マッキ
MC200 サエッタ
(イタリア)

速度記録で有名な小型水上機メーカーであったマッキが送り出した戦闘機。空冷のイタリア製エンジン出力は大きくなかったものの、操縦が容易で、さらに急降下を得意として善戦した。主な戦場は地中海、北アフリカで、相手が少々旧式なハリケーンとあって、何とか対等に戦っている。しかしオープンコクピットに加えて12.7ミリ機関銃2梃のみという貧弱な火力であり、やはり戦闘機としての能力は高いとはいえず、当時のイタリア航空界の実力相当と考えるべきである。それでも実質的に同空軍の中心戦力であった。

全長：8.0m　全幅：11.0m　翼面積：20.4㎡　総重量：2.9t　平均重量：2.5t　自重量：2.1t　エンジン：ピアッジオ RX　出力：1030HP　冷却方式：空冷　最大速力：520km／時　最大上昇力：770m／分　航続距離：1000km（落下タンク付1300km）　馬力重量比：412HP／t　翼面荷重：123kg／㎡　翼面馬力：50HP／㎡　武装（口径mm×数）：12.7×2　武装威力数：25　初飛行：1938年6月　製造数：500機

レッジアーネ Re2000ファルコ（イタリア）

MC200、G50と並行して試作、量産されたレッジアーネ社の戦闘機である。まず国力が十分とは言えない当時のイタリアが、同時に3機種の新型戦闘機を開発すること自体、首を傾げざるを得ない。このRe2000の扱いに空軍当局は迷ったらしく、自国製の空冷、ドイツのDB、再び自国製の空冷エンジンを採用している。またスウェーデン、ハンガリーからの注文が入り、そのたびに現場は混乱し、性能的には一定の水準に達していたものの。製造数は伸びなかった。それでもこのシリーズの開発は続けられRe2005型まで試作されている。

全長：9.4m　全幅：11.9m　翼面積：21.0㎡　総重量：3.7t　平均重量：3.2t　自重量：2.7t　エンジン：FIAT・RA　出力：1480HP　冷却方式：液冷　最大速力：620㎞／時　最大上昇力：830m／分　航続距離：1200㎞（落下タンク付1650㎞）　馬力重量比：463HP／t　翼面荷重：152kg／㎡　翼面馬力：70HP／㎡　武装（口径㎜×数）：20×3、12.7×2　武装威力数：85　初飛行：1942年4月　製造数：250機　注：戦後製造分を含む

フィアット G55チェンタウロ (イタリア)

本機もMC200→202と同様な道筋をたどり、非力なイタリア製エンジンをDBに乗せ換えている。その効果は素晴らしく、最高速度は150キロ以上増加している。さらに武装は強化され12.7ミリ機関銃2梃、20ミリ3梃となって、これは同国の戦闘機中最強である。MC202とともに、イタリア空軍の戦局立て直しに貢献するものと思われたが、時期を逸してしまい、戦線に登場した機体は多いとは言えなかった。しかしG55は休戦後も生産が続けられ、戦後のイタリア、アルゼンチン、エジプト、ユーゴなどでも少数機が1950年代まで現役にあった。

全長：8.9m　全幅：10.6m　翼面積：16.8㎡　総重量：3.0t　平均重量：2.7t　自重量：2.4t　エンジン：アルファロメオ RA1000　出力：1180HP　冷却方式：液冷　最大速力：600㎞／時　最大上昇力：1140m／分　航続距離：770㎞（落下タンク付1180㎞）　馬力重量比：437HP／t　翼面荷重：161kg／㎡　翼面馬力：70HP／㎡　武装（口径㎜×数）：12.7×2、7.7×2　武装威力数：41　初飛行：1940年8月　製造数：1530機

マッキ
MC202 フォルゴーレ
(イタリア)

MC200の870馬力エンジンをドイツ製のDB1200馬力液冷に換装し、同時に各部分を改良した戦闘機。出力が大幅に増えたことから、性能は飛躍的に向上し、列強の戦闘機と同等な性能を発揮している。それまでのハリケーン、アメリカ陸軍のP-40トマホークなどでは全く歯の立たない存在となった。武装も多少強化され、戦後に至って最良のイタリア軍戦闘機と評価されている。その一方でDBエンジンの国産化に手間取り、製造数は足踏み状態であった。この状況は日本陸軍の飛燕の場合と同じということができる。

全長：8.2m　全幅：10.7m　翼面積：16.0㎡　総重量：2.7t　平均重量：2.3t　自重量：1.9t　エンジン：イスパノスイザ12Y　出力：910HP　冷却方式：液冷　最大速力：490㎞／時　最大上昇力：830m／分　航続距離：610㎞（落下タンク付820㎞）　馬力重量比：396HP／t　翼面荷重：144kg／㎡　翼面馬力：57HP／㎡　武装（口径㎜×数）：20×1、7.5×2　武装威力数：35　初飛行：1935年8月　製造数：600機　注：フランス降伏後に製造されたものを含まず

モラン・ソルニエ MS406 (フランス)

ドイツ対フランスの戦争が勃発した際、後者の主力戦闘機がこのMS406であった。構造的に新しいアイディアを取り入れた機体の設計には問題なかったが、20パーセントほど強力なエンジンを装備したBf109と全面的対決すると、全く歯が立たず、大きな損失を記録している。なにか一つでも優れた部分があれば、多少有利に戦えたかもしれないが、すべてにおいて不利であった。ひと月ほどの戦いの後、フランスは降伏したが、かなりの機体が無傷で残った。

これらはフィンランドに供与されドイツ軍が鹵獲したソ連製エンジンに換装され、シュペール・モランと呼ばれた。

全長：9.1m　全幅：10.5m　翼面積：15.0㎡　総重量：2.7t　平均重量：2.4t　自重量：2.0t　エンジン：ノームローン14N　出力：1080HP　冷却方式：空冷　最大速力：510㎞／時　最大上昇力：833m／分　航続距離：600㎞（落下タンクなし）　馬力重量比：450HP／t　翼面荷重：160kg／㎡　翼面馬力：72HP／㎡　武装（口径㎜×数）：20×2、7.5×2　武装威力数：35　初飛行：1937年10月　製造数：800機　注：MB151とMB152の合計数

ブロッシュ MB152（フランス）

戦争の予兆を見て、フランス空軍もMS406、このMB152、D520と3種の新型戦闘機を開発、量産している。この状況はイタリア航空界と同様である。なかでも本機はもっとも出力の大きなエンジンを装備し、戦力の中心となるべく期待された。試作の段階では、計画どおりの性能を発揮し、すぐさま量産となった。ところがこの段階で部品の調達が間に合わず、戦線に登場したのは少なかった。1000馬力の空冷エンジンと、強力な火力により、数が揃っていれば、ドイツ軍にとってそれなりの脅威となったはずである。

全長：8.8m　全幅：10.2m　翼面積：16.0㎡　総重量：2.8t　平均重量：2.5t　自重量：2.1t　エンジン：イスパノスイザ12Y　出力：910HP　冷却方式：液冷　最大速力：530㎞／時　最大上昇力：1000m／分　航続距離：1000㎞（落下タンク付1250㎞）　馬力重量比：364HP／t　翼面荷重：156kg／㎡　翼面馬力：57HP／㎡　武装（口径㎜×数）：7.5×4　武装威力数：30　初飛行：1938年10月　製造数：610機

ドボアチーヌ D520（フランス）

エンジン出力はMB152よりも低かったが、洗練された形状、高い信頼性、優れた運動性で、侵入していたドイツ軍を悩ませたのがこのD520である。Bf109とほぼ同じ性能を持ち、開戦からひと月の間に、100機前後のドイツ機を撃墜している。

フランス空軍は、本機の大量生産に取り掛かっており、開戦直前には一日あたり10機というペースで完成していた。したがって戦争勃発が半年遅れていれば、ドイツ軍の侵攻が頓挫した可能性もある。敗戦後も製造は続き、本機はドイツ、イタリア、ブルガリア、ルーマニアなどで、迎撃戦闘機として使われている。

全長：8.2ｍ　全幅：11.0ｍ　翼面積：16.2㎡　総重量：2.1ｔ　平均重量：1.8ｔ　自重量：1.5ｔ　エンジン：ブリストル8S　出力：830HP　冷却方式：空冷　最大速力：460㎞／時　最大上昇力：570ｍ／分　航続距離：950㎞　馬力重量比：461HP／ｔ　翼面荷重：111kg／㎡　翼面馬力：51HP／㎡　武装（口径㎜×数）：7.9×4　武装威力数：32　初飛行：1936年3月　製造数：250機　注：写真はフィンランド空軍のもの

フォッカー D21 (オランダ)

オランダが1936年に初飛行させた固定脚の単葉戦闘機である。性能、外観とも我が国の九七式戦闘機とよく似ている。エンジンはイギリス製だが、設計、製作ともオランダで行なわれ、それなりの戦闘機に仕上がったのは、第一次大戦の経験が活きたものと思われる。

構造的には木製と金属構造の組み合わせとなっている。ドイツ軍の侵攻に当たっては30機のD21が迎撃し、複数のドイツ機を撃墜している。またそれ以前には少数機がフィンランドに送られ、この極北の戦いでも車輪の代わりに橇を装着し一応の活躍を見せた。

あとがき

直径二・五メートルの透明な円板に曳かれて蒼空を滑るように飛ぶプロペラ機は、見る者の心を完全に魅了する。

特にそれが、一撃で大型の多発機を撃墜するだけの力を秘めた戦闘機であれば、男たちの心を捕らえて離さないのである。

筆者もその一人であり、子供のときからレシプロ戦闘機に限りない魅力を感じてきた。

私事にわたるが、千葉県木更津基地の近くで少年時代をすごした筆者の頭上の空には、常にノースアメリカンF（P）－51マスタングが飛行していた。

時が流れ、それがロッキードF－80シューティングスターに変わっても、マーリン・レシプロエンジンの音はその後も長い間、頭の中に残っていたのであった。

すでに〝戦艦〟などと共に人類の歴史から消え去ろうとしているもののひとつが、本書の主役であるレシプロ戦闘機たちである。

この戦うためだけの目的で造られた航空機は、一九一〇年代の中頃から一九五〇年代の初めまで、わずかに四〇年間だけ存在した。

したがってその寿命は、あらゆる兵器の中でもっとも短いといっても過言ではない。しかしその短い生命を、まるで以前から知っていたかのように、プロペラ戦闘機は最大の速度で進歩し、最後の姿は芸術品と呼べるまでに成長した。

湧き上がる積乱雲をバックに、また赤く染まった夕空を飛ぶ戦闘機の姿は、まさに一幅の名画といえる。

そのようなファイター群の中から、名戦闘機と思われるものを数式と指数によって選び出そうと試みたのが本書である。

公表されているデータをいろいろ組み合わせて、それを指数化し、他の機種と比較できるように勘案した。

この方法がベストというわけではないが、馬力荷重、翼面荷重、翼面馬力といったファクター（要素）を使って、それぞれの戦闘機の性能を表現できたと思っている。

数字はきわめて無機質なものだが、ある面では物の本質を鋭く見つめる手段にもなる。

本書の場合も、戦闘機の性能が数字の組み合わせにより、明らかにされたと信じたい。

次にデータというものについて言及しておきたい。本書で用いた数値、指数は、当然ながら一般書に記載されているカタログデータからとっている。

昔から言われていることだが、『カタログデータはあまりあてにできない』という意見がある。本格派？　を自称するマニア、エンスージアストほどこの傾向が強い。

たしかに各航空機メーカーが公表する性能の数値には——売り込みたいという意識が先に立って——誇大なデータとなる場合がある。

しかし、だからといって、カタログデータそのものを否定してしまったら、航空機を含むヴィークル、兵器の性能を理解するのは困難になってしまう。

乗用車、オートバイの類は個人、法人の所有者がテストし、性能を確認することもできなくはないが、飛行機となったら完全にお手上げである。

ごく一部の機種については使用者である空軍のテスト結果が報告され、個人でも入手可能である。けれども数十種に及ぶすべての戦闘機のテストデータなど、収集はまず無理と言ってよい。

となると公表されたカタログデータを見て、その航空機の性能を推測するしかない。

そうであれば、一般のアマチュアが日本を含む各国の雑誌、単行本からデータを集めても、それなりの価値は十分にあるはずである。

現在スマホ、あるいはパーソナルコンピュータを使ったシミュレーションゲームが大流行だが、これらのプログラムは、公開されたデータの組み合わせから作られている事実を忘れてはならない。

さてカタログデータについては、これくらいにして、再びレシプロ戦闘機の話に戻ろう。

祖国の命運を賭けて大空に飛び立つ戦闘機は、それ自体が、その国の技術力の結晶である。最高の頭脳、最高の技術から生み出された鉄の鳥たちが、肉体的、精神的に最高の人間たちによって操られる。

それに〝神〟から与えられる〝運〟が加わるのであるから、そこにロマンが生まれぬはずはない。

まさに強く、速い物体は美しいのである。

次の機会には、レシプロ戦闘機の後継者たるジェット戦闘機について、同様な手法で比較を試みたいと思っている。

厳冬の朝鮮半島の上空で戦うMiG–15とF–86セイバー、ベトナムの積乱雲を縫ってドッグファイトを繰り広げるMiG–21とF–4ファントム。

これらの性能を比べ、空中戦の実態に迫る努力は、十分に時間を費やすにたる〝知的なホビー〟ではないか。多くの方々の協力を得て、近い将来、戦闘機対戦闘機のジェット機編を上梓したい。

蛇足ながら、本書で使用した写真のほとんどは、筆者がウォーバーズを追いかけて、アメリカ、イギリス、ニュージーランド、ロシアなどで撮影したものである。写真の腕前はともかく、レシプロ戦闘機の魅力を少しでも紙上から感じとっていただければ幸いである。

また文中の素晴らしいイラストレーションは、この分野の第一人者である野原茂氏にご提供いただいた。お名前を掲げて、厚くお礼を申し上げたい。彼もまた、典型的な〝ウォーバーズ・フリーク〟なのである。

＊

このたび潮書房光人新社のご厚意により、本書『戦闘機対戦闘機』がリニューアルという形で刊行される運びとなった。これを機に数値などを再チェックするとともに、写真をかなり入れ替えている。

またあとがきについては、大幅に趣向を変えて記しておきたい。

これまで紹介してきた零戦、スピットファイア、マスタング、メッサーシュミットなどの実機に出会うには欧米各国の航空博物館を訪ねれば、いつでも展示されているこれらの戦闘機を見ることができる。また映画、ＤＶＤでもそれが可能なのだが、やはりもっとも感動するのは、実際に自分自身で、躍動する金属製の猛禽を目にすることである。

マーリン、栄、ロールスロイスエンジンの轟音とともに、地を蹴って大地を離れ、蒼空を縦横に飛翔する戦闘機ほど魅力的なものは他に存在しない。
アメリカ、イギリスを中心に、これらのウォーバーズを飛ばすために心血を注ぐ男たちも多く、世界を見渡せば現在でも大戦時の戦闘機約二五〇機がフライアブルな状態にある。
このようなイベントは年に数十回開催されているが、その中からもっとも規模の大きな三つを記載する。

◯フライング・レジェンド　飛行する伝説
イギリスのダックスフォード飛行場で、毎年六月に開かれるエアショーで、二〇機のスピットファイアを中心に八〇機前後が集まり、そのすべてが飛行する。ロンドンにちかく、美しい田園風景をバックに、フライトする英国機の群れはまさに一幅の絵という他はない。

◯チノ　大戦機の飛行ショー
ロスアンジェルス近郊のチノ飛行場で、例年五月に開催される。ある年には二機の零戦、三機のP－38ライトニング、五機のF4Uコルセアが同時に飛行した。さらに世界に一機だけ残っているPB4Y哨戒爆撃機がこれに加わっている。

◯アメリカ記念空軍エアショー
テキサス州ミッドランドで九月に開催。練習機を含めると二〇〇機近い大戦機が集結、四日間にわたりフライトする。このエアショーの特徴は、テーマ（真珠湾攻撃、英国の戦いなど）を決めてフライトが行なわれることである。
上記の三つの航空ショーには、もちろん個人旅行でも見学可能だが、我が国からツアーも企画されているから、これに参加すれば気軽に猛禽類をまぢかにみることができる。もしかすると目の前を乱舞する戦闘機の大群によって、人生最良の日々を体験することになるかもしれない。

毎日の生活に追われ、このような機会をもつことは簡単ではないかもしれないが、ぜひ一歩を踏み出すことを強くお勧めする。

また数ヵ月後、同じ形でジェット戦闘機に関しても、同様の本を上梓するつもりである。最新の写真、データによる「ジェット版戦闘機対戦闘機」にご期待いただきたい。

二〇二〇年五月

三野正洋

参考文献＊「イギリス軍用機の全貌」航空情報＊「アメリカ海軍機の全貌」航空情報＊「アメリカ陸軍機の全貌」航空情報＊「ドイツ軍用機の全貌」航空情報＊「日本軍用機の全貌」航空情報＊「仏、伊、ソ軍用機の全貌」航空情報＊「戦闘機WWⅡ」航空情報＊「世界の軍用機史・Ⅰ」グリーンアロー出版＊「図面で見る第二次大戦『世界の戦闘機』」酣燈社＊「写真集　朝鮮戦争Ⅰ・Ⅱ」デルタ出版＊「Aircraft vs. Aircraft, The Illustrated Story of Fighter Pilot Combat since 1914」Macmillan Publishing Co.＊「Encyclopedia of War Machine」Peerage Books＊「War in the Air」Crescent Books＊「War in the Air World War II」Bonanza Books＊「The World、s Great Fighter Aircraft」Crescent Books＊「Jet Fighter Performance」Ian allan

文庫本　平成七年六月　朝日ソノラマ刊

NF文庫

戦闘機対戦闘機

二〇二〇年六月二十一日　第一刷発行
著　者　三野正洋
発行者　皆川豪志
発行所　株式会社　潮書房光人新社
〒100-8077　東京都千代田区大手町一-七-二
電話／〇三-六二八一-九八九一(代)
印刷・製本　凸版印刷株式会社
定価はカバーに表示してあります
乱丁・落丁のものはお取りかえ致します。本文は中性紙を使用

ISBN978-4-7698-3169-3　C0195
http://www.kojinsha.co.jp

NF文庫

刊行のことば

第二次世界大戦の戦火が熄《や》んで五〇年——その間、小社は夥しい数の戦争の記録を渉猟し、発掘し、常に公正なる立場を貫いて書誌とし、大方の絶讃を博して今日に及ぶが、その源は、散華された世代への熱き思い入れであり、同時に、その記録を誌して平和の礎とし、後世に伝えんとするにある。

小社の出版物は、戦記、伝記、文学、エッセイ、写真集、その他、すでに一、〇〇〇点を越え、加えて戦後五〇年になんなんとするを契機として、「光人社NF（ノンフィクション）文庫」を創刊して、読者諸賢の熱烈要望におこたえする次第である。人生のバイブルとして、心弱きときの活性の糧《かて》として、散華の世代からの感動の肉声に、あなたもぜひ、耳を傾けて下さい。

＊潮書房光人新社が贈る勇気と感動を伝える人生のバイブル＊

ＮＦ文庫

駆逐艦「神風」電探戦記　駆逐艦戦記
「丸」編集部編
熾烈な弾雨の海を艦も人も一体となって奮闘した駆逐艦乗りの負けじ魂と名もなき兵士たちの人間ドラマ。表題作の他四編収載。

陸軍カ号観測機　幻のオートジャイロ開発物語
玉手榮治
砲兵隊の弾着観測機として低速性能を追求したカ号。回転翼機という未知の技術に挑んだ知られざる翼の全て。写真・資料多数。

ナポレオンの軍隊　近代戦術の視点からさぐるその精強さの秘密
木元寛明
現代の戦術を深く学ぼうとすれば、ナポレオンの戦い方を知ることが不可欠である——戦術革命とその神髄をわかりやすく解説。

昭和天皇の艦長　沖縄出身提督漢那憲和の生涯
惠 隆之介
昭和天皇皇太子時代の欧州外遊時、御召艦の艦長を務めた漢那少将。天皇の思い深く、時流に染まらず正義を貫いた軍人の足跡。

空戦 飛燕対グラマン　戦闘機操縦十年の記録
田形竹尾
敵三六機、味方は二機。グラマン五機を撃墜して生還した熟練戦闘機パイロットの戦い。歴戦の陸軍エースが描く迫真の空戦記。

シベリア出兵　男女9人の数奇な運命
土井全二郎
第一次大戦最後の年、七ヵ国合同で始まった「シベリア出兵」。日本が七万二〇〇〇の兵力を投入した知られざる戦争の実態とは。